Training Note トレーニングノートα 化学

はじめに

　高校で学ぶ「**化学**」の内容は，身のまわりで起こる現象と深く結びついています。化学によって解明されてきた物質の特徴・性質をもとに，これまでさまざまな科学技術が発展してきました。これらの技術は，いろいろな形で私たちの生活の中に活かされています。つまり，化学を学ぶことは，**私たちの生活や社会を豊かにし，未来の可能性を広げることにつながる**のです。
　『高校 トレーニングノートα 化学』では，基礎的な問題から実験・観察を通して思考する問題まで幅広く掲載しています。ぜひ本書を通して，化学への理解を深めていきましょう。

- 化学の学習内容を，要点を絞って掲載しています。
- 1単元を2ページで構成しています。単元のはじめには，問題を解く上での重要事項を POINTS として解説しています。
- 1問目は図や表を用いた空所補充問題です。図表の空所を埋めながら，知識の整理をしましょう。

目次

1 固体の構造

解答▸別冊P.1

POINTS

1 結晶の種類

① **金属結晶**…金属原子が金属結合により規則的に配列。Cu，Ag など，水銀(液体)を除く金属の単体。

② **イオン結晶**…陽イオンと陰イオンがイオン結合により規則的に配列。NaCl など。

③ **分子結晶**…分子が分子間力により規則的に配列。CO_2，H_2O など。

④ **共有結合の結晶**…すべての原子が共有結合により規則的に配列。C，SiO_2 など。

2 金属結晶の構造

① **体心立方格子**…単位格子中の原子の数は 2，配位数は 8。Na，K，Fe など。

② **面心立方格子**…単位格子中の原子の数は 4，配位数は 12。Cu，Ag，Au，Al など。

③ **六方最密構造**…単位格子中の原子の数は 2，配位数は 12。Mg，Zn，Co など。

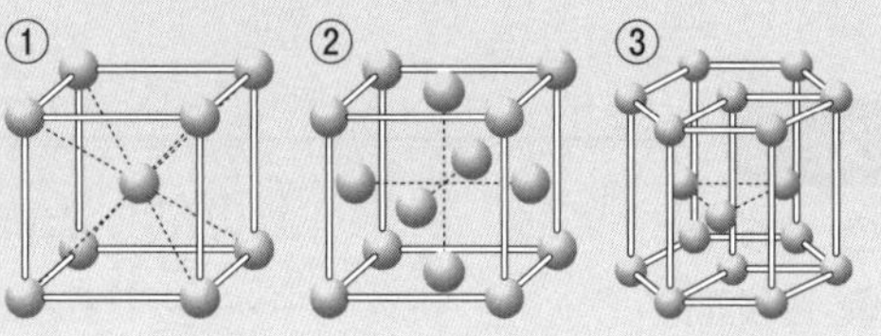

3 イオン結晶の構造

① **塩化ナトリウム型**…単位格子中に，Na^+ を 4 個，Cl^-を 4 個含む。配位数は 6。

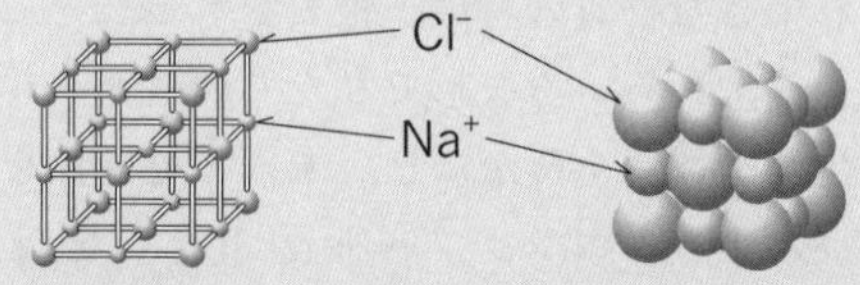

② **塩化セシウム型**…単位格子中に，Cs^+を 1 個，Cl^-を 1 個含む。配位数は 8。

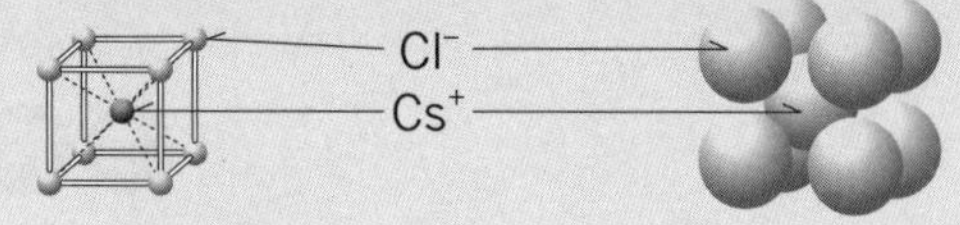

4 その他の結晶とアモルファス

① **分子結晶**…一般的に融点が低く，ドライアイスやヨウ素などは常温常圧で昇華しやすい。水では**水素結合**がはたらく。

② **共有結合の結晶**…ダイヤモンド，黒鉛，ケイ素，二酸化ケイ素など。硬い結晶で，融点も高い。

③ **非晶質(アモルファス)**…粒子の配列に空間的な規則性がみられない固体物質。一定の融点を示さない。ガラスなど。

□ **1** 次の表のそれぞれの結晶の特徴について，①～⑫に適当な語句を記入しなさい。

	イオン結晶	共有結合の結晶	分子結晶	金属結晶
融点	(①)	(②)	(③)	(④)
硬さ	(⑤)	(⑥)	(⑦)	(⑧)
電気伝導性	(⑨)	(⑩)	(⑪)	(⑫)

□ **2** 次の(1)～(6)の物質はどのような結晶か，( )に記入しなさい。

(1) 食塩 ( )　(2) 金 ( )
(3) ダイヤモンド ( )　(4) 亜鉛 ( )
(5) ドライアイス ( )　(6) にがり ( )

Check
↳ 2 それぞれの物質の融点や硬さなどを元に考えてみよう。

□ **3** 次に示す性質はどのような結晶の特徴か，適当な結晶の種類を記入しなさい。

(1) 水溶液にすると電気伝導性があるが，固体のときはない。
( )

(2) この結晶の仲間では，例外的に黒鉛は電気を通す。
( )

(3) 分子式で表す。 ( )

(4) 展性・延性を示す。 ( )

↳ **3** それぞれの結晶の特徴から区別する。

□ **4** 右図は，塩化ナトリウムの結晶の単位格子である。次の問いに答えなさい。ただし，アボガドロ定数は 6.0×10^{23} /mol，NaCl の式量は 58.5，単位格子 1 辺の長さは 0.56 nm である。

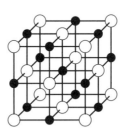

(1) イオン半径を考えて，ナトリウムイオンは白玉か黒玉か答えなさい。 ( )

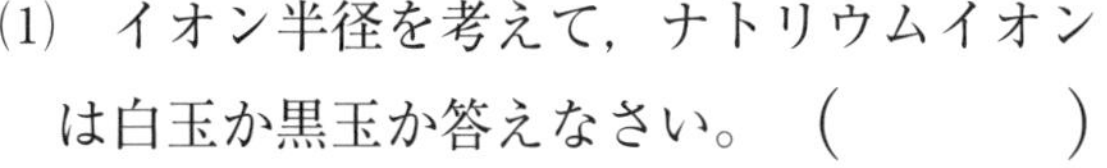

(2) 単位格子中の Na^+ と Cl^- の数はそれぞれ何個か答えなさい。

Na^+ ( )個 Cl^- ( )個

11+ 17+

$_{11}Na$ ナトリウム $_{17}Cl$ 塩素

(3) 図の単位格子の質量を求めなさい。

式 ( ) 答 ( )g

(4) 塩化ナトリウムの結晶の密度を求めなさい。

式 ( ) 答 ( )g/cm³

↳ **4** (3)・(4)単位格子中に Na^+ と Cl^- が何個あるかが重要。

□ **5** 次の図は，鉄と銅の結晶の単位格子を示したものである。あとの問いに答えなさい。

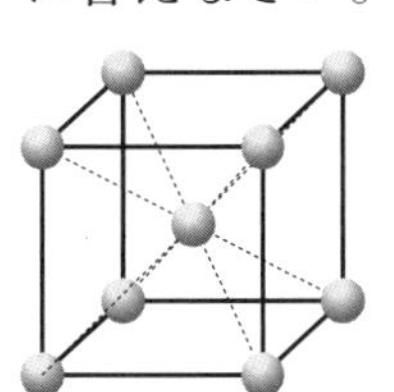

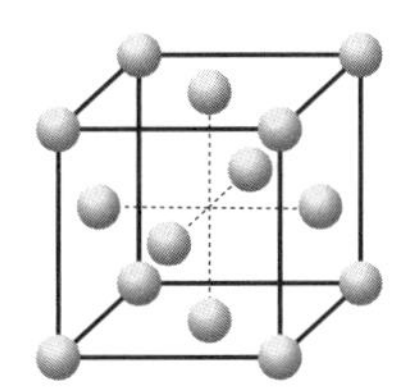

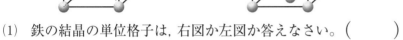

(1) 鉄の結晶の単位格子は，右図か左図か答えなさい。( )

(2) 鉄の結晶の単位格子における配位数を求めなさい。( )

(3) 銅の結晶の単位格子における配位数を求めなさい。( )

↳ **5** 鉄は体心立方格子，銅は面心立方格子。

確認

配位数

体心立方格子では，配位数は 8，**面心立方格子**では，配位数は 12 である。

□ **6** 次の物質から結晶となるものと，非晶質のものを選びなさい。

金，二酸化炭素，ガラス，食塩，アモルファスシリコン，ヨウ素

結晶 ( ) 非晶質 ( )

↳ **6** 非晶質のものは，規則的な結晶構造はとらない。

2 物質の状態

解答▸別冊P.2

POINTS

1 物質の三態……温度・圧力が決まると物質は3つの状態(固体，液体，気体)のいずれかで存在する。固体→液体になる温度を**融点**，液体→気体になる温度を**沸点**という。

2 融解熱……融点で1 molの固体が融解するのに必要な熱量。水は，6.01 kJ/mol。

3 蒸発熱……沸点で1 molの液体が蒸発するのに必要な熱量。水は，40.7 kJ/mol。

一般に，融点や沸点は粒子間の結合力が強い物質ほど高くなり，融解熱や蒸発熱も大きくなる。

共有結合＞イオン結合，金属結合≫水素結合

水素結合＞ファンデルワールス力

4 気体・液体間の状態変化

① **気体の圧力**…気体分子が物体に衝突したとき，単位面積あたりに及ぼす力。

海面上での大気圧の平均値は，

1.013×10^5 Pa＝760 mmHg＝1 atm

② **気液平衡**…液体を一定温度の密閉容器に入れたときの，蒸発も凝縮も起こっていないように見える平衡状態。このとき，

(蒸発する分子数)＝(凝縮する分子数)

③ **飽和蒸気圧(蒸気圧)**…液体と気体が共存し，気液平衡になっているときの気体の圧力。

蒸気圧は，物質により決まっていて，高温ほど高い。他の気体が存在しても関係なく温度によって決まる。蒸気圧の温度変化を示したグラフを**蒸気圧曲線**という。

④ **沸騰**…液面だけでなく，液体内部からも蒸発が起こる現象。そのときの温度を沸点という。

液体の蒸気圧が外圧と等しくなると，沸騰が起こる。分子間力が小さいと，沸点は低くなる。外圧が低いほど沸点は下がり，高いほど沸点は高くなる。

⑤ **状態図**…物質が温度・圧力によってどのような状態をとるかを示した図。

□ **1** 次の図の①～⑦に適当な語句を記入しなさい。

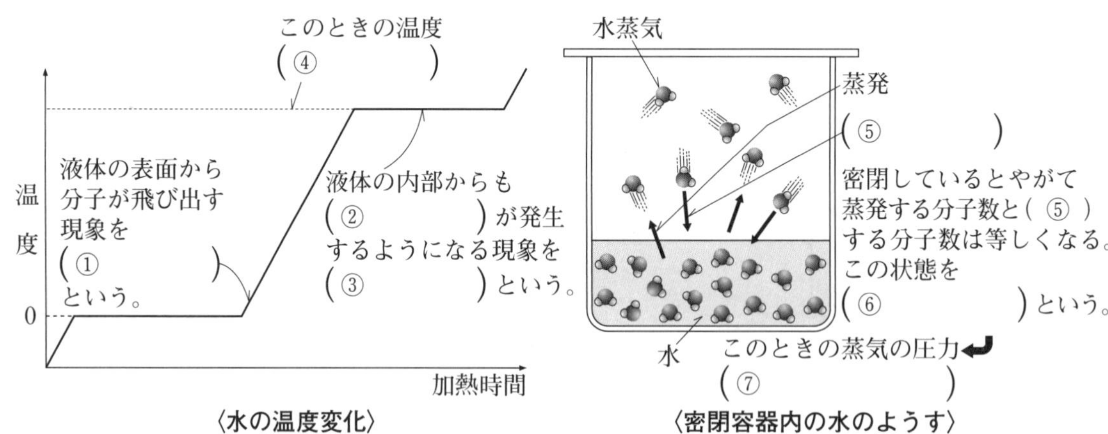
このときの温度
(④　　　)
温度
0
加熱時間
液体の表面から
分子が飛び出す
現象を
(①　　　)
という。
液体の内部からも
(②　　　)が発生
するようになる現象を
(③　　　)という。
水蒸気
蒸発
(⑤　　　)
密閉しているとやがて
蒸発する分子数と(⑤)
する分子数は等しくなる。
この状態を
(⑥　　　)という。
水
このときの蒸気の圧力
(⑦　　　)

〈水の温度変化〉　〈密閉容器内の水のようす〉

□ **2** 氷の融解熱は6.0 kJ/molである。0℃の氷72 gをすべて0℃の水にするのに必要な熱量はいくらですか。ただし，水の分子量を18とする。

式(　　　　　　　　　　)　答(　　　　　)

Check

2 1 molごとの融解熱を考える。

□ **3** 右図は，1気圧のもとで氷 9.0 g を一様に加熱したときの温度変化を示す。次の問いに答えなさい。

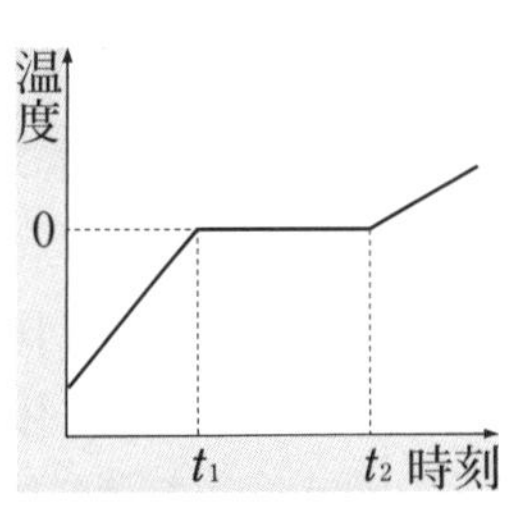

↳ **3** あたたまりやすいものほど，グラフの傾きが大きくなる。

(1) 時刻 t_1 と t_2 で，それぞれ物質はどのようになりましたか。

t_1(　　　　　　　　) t_2(　　　　　　　　)

(2) 時刻 t_1 までの物質の状態と時刻 t_2 からの物質の状態ではどちらがあたたまりやすいか，t_1・t_2 で答えなさい。また，その状態は固体，液体，気体のうちのどれですか。

(　　　　，　　　　)

(3) 時刻 t_2 から3分後に水温が 5.0℃になった。加えた熱量はいくらですか。ただし，水 1.0 g の温度を 1 K 上げるのに必要な熱量を 4.2 J/(g·K) とする。

式(　　　　　　　　　　　) 答(　　　　　)

□ **4** 右図のグラフを参考にして，次の問いに答えなさい。(2)については，A～Cの記号で答えなさい。

↳ **4** 水の蒸気圧曲線の上で，蒸気圧が低くなったときの温度を求める。

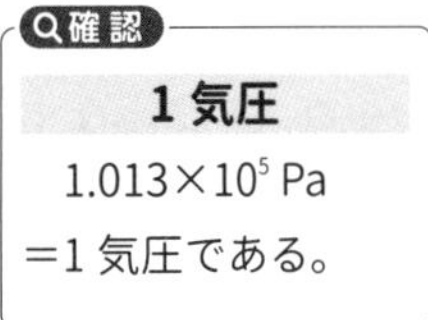
確認
1気圧
1.013×10^5 Pa
=1気圧である。

(1) このようなグラフを，何曲線といいますか。 (　　　　)曲線

(2) グラフより，1.013×10^5 Pa における水および水溶液の沸点を答えなさい。 水の沸点(　　　) 水溶液の沸点(　　　)

(3) 温度Aにおける水溶液の蒸気圧を答えなさい。 (　　　)

(4) もし，1気圧よりも気圧の低い山に登った場合，水の沸点は(2)に比べてどうなりますか。 (　　　　　　)

↳ **5** 水は分子間に水素結合という結合をつくる。

□ **5** 次の文の(　)に適当な語句を記入しなさい。

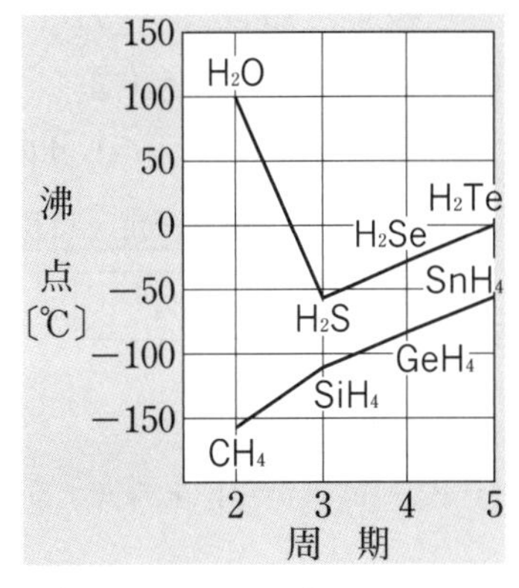

14族の水素化合物の沸点について考えてみよう。周期の増加とともに沸点が高くなるのは，同じような構造をとる分子どうしでは，(①　　　　)が大きいほど(②　　　　　　)が強くなるからである。

また，16族の水素化合物は，14族のものと比べると，沸点が高い。これは，14族の水素化合物の分子が(③　　　　)形で(④　　　　)分子であるのに対して，16族の水素化合物の分子は(⑤　　　　)形で(⑥　　　　)分子だからである。水の沸点が他の16族の水素化合物の分子の沸点に比べて著しく高いのは(⑦　　　)結合をしているからである。

③ 気体の性質

解答▸別冊P.2

POINTS

1 ボイルの法則(1662年)……温度一定のとき，一定量の気体の体積 V は，圧力 P に反比例する(**気体の体積と圧力の関係**)。

$P_1V_1=P_2V_2=k$(一定)

2 絶対温度……$273+t$〔℃〕$=T$〔K〕

3 シャルルの法則(1787年)……一定圧力下で，一定量の気体の体積 V は，絶対温度 T に比例する(**気体の体積と温度の関係**)。

$\dfrac{V_1}{T_1}=\dfrac{V_2}{T_2}=k'$(一定)

4 ボイル・シャルルの法則……一定量の気体の体積 V は，圧力 P に反比例し，絶対温度 T に比例する(**気体の体積，圧力，温度の関係**)。

$\dfrac{P_1V_1}{T_1}=\dfrac{P_2V_2}{T_2}=k''$(一定)

5 気体定数……気体のモル体積 v は気体の種類に関係なく，0℃，1.013×10^5 Pa で 22.4 L/mol である。

$\dfrac{Pv}{T}=\dfrac{1.013\times10^5\ \text{Pa}\times22.4\ \text{L/mol}}{273\ \text{K}}$
$=8.31\times10^3\ \text{Pa}\cdot\text{L/(mol}\cdot\text{K)}$
$=R$(気体定数)

6 気体の状態方程式……気体の物質量を n〔mol〕とすると，

$PV=nRT$

7 気体の分子量……モル質量 M〔g/mol〕の気体の質量を w〔g〕としたとき，

$PV=\dfrac{w}{M}RT$　または　$M=\dfrac{wRT}{PV}$

8 ドルトンの分圧の法則……混合気体の全圧は，各成分気体の分圧の和に等しい。

□ **1** 次の図を見て，①〜⑭に適当な語句や文字，式を記入しなさい。

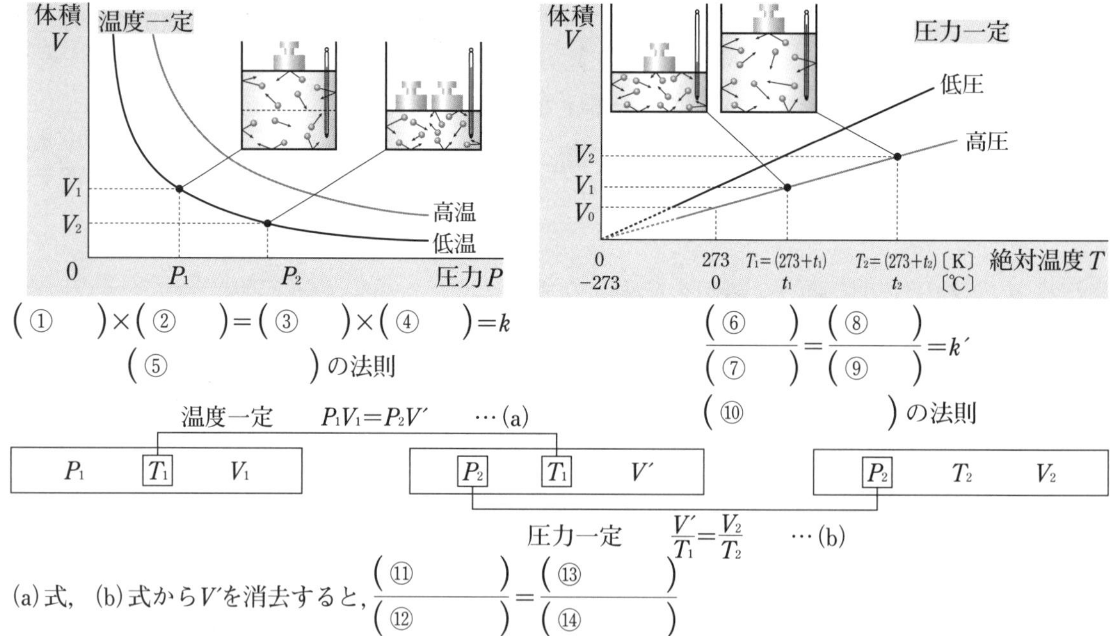

(a)式，(b)式から V' を消去すると，$\dfrac{(⑪\quad)}{(⑫\quad)}=\dfrac{(⑬\quad)}{(⑭\quad)}$

□ **2** 次の問いに答えなさい。

ただし，気体定数を 8.3×10^3 Pa・L/(mol・K)とする。

(1) 25℃，1.0×10^5 Pa で，体積 560 mL の理想気体がある。

この温度を変えずに 280 mL に圧縮すると，気体の圧力は何 Pa になりますか。 (　　　　　) Pa

(2)　27℃，1.0×10^5 Pa で 2.0 L の理想気体がある。この体積を変えずに 3.0×10^5 Pa にすると，温度は何℃になりますか。

(　　　　　) ℃

(3)　27℃，4.0×10^5 Pa で 0.30 L を占める気体の質量が 2.0 g であった。この気体の分子量はいくらですか。

(　　　　　)

(4)　0℃，1.0×10^5 Pa の空気中の酸素の分圧は何 Pa か，空気の体積組成を 酸素：窒素＝1：4 として求めなさい。

(　　　　　) Pa

(5)　酸素 O_2 16 g，窒素 N_2 14 g，二酸化炭素 CO_2 88 g を 30 L の容器に入れて 27℃に保った。外からの気体の出入りはないものとして，この混合気体の全圧と二酸化炭素の分圧を求めなさい。ただし，原子量は，C＝12，N＝14，O＝16 とする。

全圧 (　　　　　) Pa　二酸化炭素の分圧 (　　　　　) Pa

Check

2 (1)温度一定より，ボイルの法則で考える。
(2)ボイル・シャルルの法則で考える。
(3)気体の状態方程式から求める。
(4)・(5)成分気体の物質量の比＝成分気体の分圧の比
から考える。

□ **3**　右図のような，容積が 2.0 L の容器 A にメタン CH_4 が 2.0×10^5 Pa，6.0 L の容器 B に酸素 O_2 が 4.0×10^5 Pa 入れてある。また，容器内の温度は容器 A，容器 B ともに 27℃である。これについて，次の問いに答えなさい。

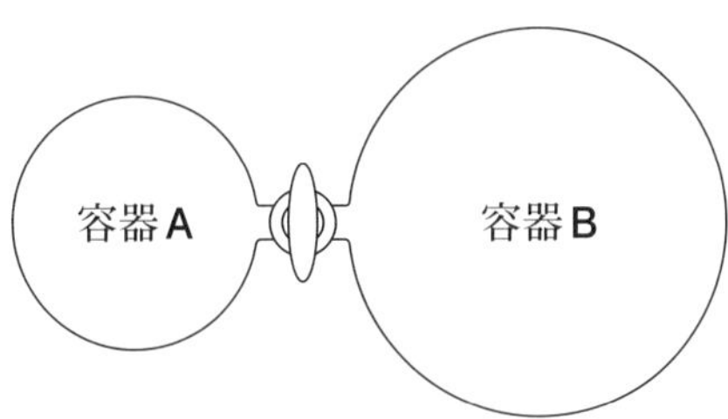

(1)　コックを開けて混合したときの，全圧とメタンの分圧は何 Pa ですか。

全圧 (　　　　　) Pa　メタン (　　　　　) Pa

(2)　コックを開けて容器 A と容器 B の気体を混合したとき，この容器内の混合気体の平均分子量はいくらになりますか。ただし，分子量は，CH_4＝16，O_2＝32 とする。

(　　　　　)

(3)　容器内の気体が外に出ないように容器内で点火し，メタンと酸素を完全に反応させた後，27℃にもどした。コック部や生じる水(液体)の体積や水蒸気の圧力を無視できるとすると，反応後の容器内の全圧は何 Pa になりますか。(　　　　　) Pa

3 (1)メタンと酸素それぞれでボイルの法則から分圧を求める。
(2)成分気体の物質量の比＝成分気体の分圧の比
から考える。
(3)反応せずに残っている気体がある。

確認

ドルトンの分圧の法則

各成分気体の分圧の和が混合気体の全圧になる。

4 溶液とその性質

解答▸別冊P.3

POINTS

1 溶解……物質が液体中に溶け込む現象。

2 溶液……溶解によってできた均一な混合物。

3 溶質と溶媒……溶けている物質を**溶質**，溶かしている液体を**溶媒**という。

4 溶解のしくみ……塩化ナトリウムのようなイオン結晶や，エタノールのような極性分子は水に溶けやすいものが多い。一方，ヨウ素のような無極性分子はベンゼンなどの無極性の溶媒に溶けやすい。一般に，2種類の物質は互いに極性の大きい分子どうし，小さい分子どうしは溶けやすく，極性の大きい分子と小さい分子とでは溶けにくい。

5 溶液の濃度

① **質量パーセント濃度**…溶液100gあたりに含まれる溶質の質量〔g〕で表した濃度。

$$\text{質量パーセント濃度〔\%〕} = \frac{\text{溶質の質量〔g〕}}{\text{溶液の質量〔g〕}} \times 100$$

② **モル濃度**…溶液1Lあたりに含まれる溶質の物質量〔mol〕で表した濃度。

$$\text{モル濃度〔mol/L〕} = \frac{\text{溶質の物質量〔mol〕}}{\text{溶液の体積〔L〕}}$$

③ **質量モル濃度**〔mol/kg〕

$$\text{質量モル濃度〔mol/kg〕} = \frac{\text{溶質の物質量〔mol〕}}{\text{溶媒の質量〔kg〕}}$$

□ **1** 次の図表の①～⑫に適当な語句を記入しなさい。ただし，⑦～⑫は「溶ける」，「溶けにくい」で答えなさい。

▶**塩化ナトリウムと水**

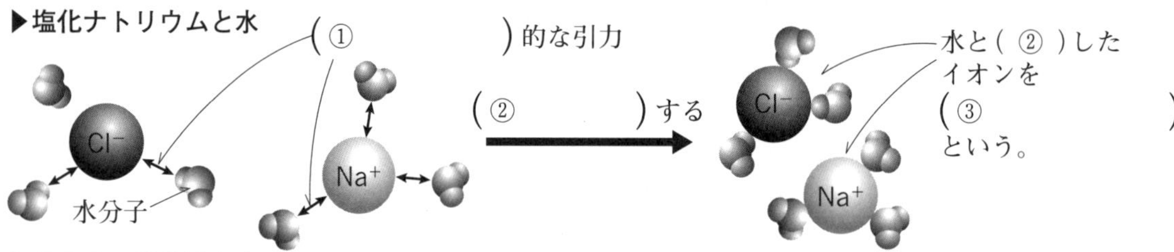

▶**スクロース分子と水**

（④　　　）基

（⑤　　　）結合

$CH_2OH \leftrightarrow H_2O$

▶**ヨウ素とベンゼン**

弱い分子間力で（⑥　　　）される。

溶質		溶媒	
		極性	無極性
イオンからなる物質		（⑦　　　）	（⑧　　　）
分子からなる物質	極性分子	（⑨　　　）	（⑩　　　）
	無極性分子	（⑪　　　）	（⑫　　　）

〈溶質・溶媒とその性質〉

□ **2** 次の物質ア～オを，A水に溶けるがベンゼンに溶けないものと，B水に溶けないがベンゼンに溶けるものに分類しなさい。

ア ヨウ素　**イ** 塩化ナトリウム　**ウ** ヘキサン

エ グルコース　**オ** 塩化水素

A（　　　　）　B（　　　　）

Check

↳ **2** 極性の大きい分子どうし，小さい分子どうしは溶けやすい。水…極性分子，ベンゼン…無極性分子

□ **3** 次の文はある濃度の塩化ナトリウム水溶液のつくり方を示している。〔　〕には実験器具名，（　）には数値を記入しなさい。

塩化ナトリウム 5.85 g をはかりとる。

↳〔①　　　　　〕に入れた純水約 50 mL に加えて溶かす。

↳ 100 mL の〔②　　　　　〕に水溶液を移す。

↳標線近くまで純水を加える。

↳標線近くになったら，〔③　　　　　〕を使って標線まで純水を入れ，よく振って均一にする。

100mL

標線

NaCl の式量＝23.0＋35.5＝58.5

5.85〔g〕÷（④　　　　）〔g/mol〕＝（⑤　　　　）〔mol〕

$$\text{モル濃度〔mol/L〕} = \frac{\text{溶質の物質量〔mol〕}}{\text{溶液の体積〔L〕}}$$

$$= \frac{（⑤）\text{〔mol〕}}{（⑥\quad\quad）\text{〔L〕}} = （⑦\quad\quad）\text{〔mol/L〕}$$

↳ **3** モル濃度は，溶液 1 L あたりに含まれている溶質の物質量で表す。

□ **4** 水 100 g に塩化ナトリウム 25 g を溶かした水溶液の質量パーセント濃度は何%か，求めなさい。

（　　　　　）

↳ **4** $\frac{w}{W+w} \times 100$

w：溶質の質量

W：溶媒の質量

□ **5** 水酸化ナトリウム 4.0 g を水に溶かして 500 mL にした。この溶液のモル濃度を求めなさい。ただし，式量は，NaOH＝40 とする。

（　　　　　）

↳ **5** モル濃度〔mol/L〕

$$= \frac{\text{溶質の物質量〔mol〕}}{\text{溶液の体積〔L〕}}$$

□ **6** 12.0 mol/L の濃塩酸の密度は 1.20 g/cm^3 である。濃塩酸の質量パーセント濃度を求めなさい。ただし，分子量は，HCl＝36.5 とする。

（　　　　　）

↳ **6** 塩酸 1 L の質量〔g〕，含まれている HCl の質量〔g〕はそれぞれいくらか。

第1章 第2章 第3章 第4章 第5章

5 溶解平衡と希薄溶液の性質

解答▸別冊P.4

POINTS

1 溶解平衡……一定量の溶媒に溶質を溶かし，ある量以上溶けなくなる限度の量を**溶解度**といい，この状態の溶液を**飽和溶液**という。飽和溶液では，固体が溶液に溶け出す速さと，溶液から固体が析出する速さとが等しくなり，平衡状態(**溶解平衡**)に達している。

2 再結晶……温度による溶解度の違いなどを利用して固体物質を精製する方法。

3 気体の溶解……温度が低く，溶媒に接する気体の圧力が高いほど，気体は溶けやすい。

気体の溶解度は圧力 1.013×10^5 Pa のとき，溶媒 1 L に溶ける気体の物質量〔mol〕や質量〔g〕，あるいは温度 0℃，圧力 1.013×10^5 Pa における体積〔L〕で表す。

4 ヘンリーの法則……溶解度の小さい気体では，温度が一定なら気体の溶解度(物質量・質量)はその気体の圧力に比例する。

5 蒸気圧降下と沸点上昇……溶媒に不揮発性の溶質を溶かした溶液の蒸気圧が，純粋な溶媒に比べて低くなることを**蒸気圧降下**といい，**沸点**は**上昇**する。

6 凝固点降下……溶媒に不揮発性の溶質を溶かした溶液の**凝固点**が，純粋な溶媒に比べて低くなることを**凝固点降下**という。

7 モル沸点上昇とモル凝固点降下……濃度が 1 mol/kg のときの沸点上昇度を**モル沸点上昇**，凝固点降下度を**モル凝固点降下**という。

8 浸透圧……希薄溶液の浸透圧は溶液のモル濃度と絶対温度に比例し(**ファントホッフの法則**)，溶媒や溶質の種類には無関係。

□ **1** 次の図を見て，①～③に適当な語句を記入しなさい。

飽和溶液
溶質の固体
溶解している粒子
↑：(①　　　　)する粒子
↓：(②　　　　)する粒子
①する粒子の数と②する粒子の数が等しい。
見かけ上，①も②も起こっていない状態になる。この状態を(③　　　　)の状態という。

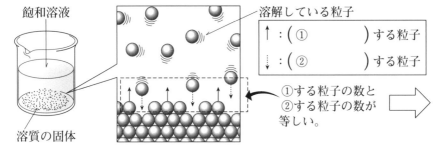

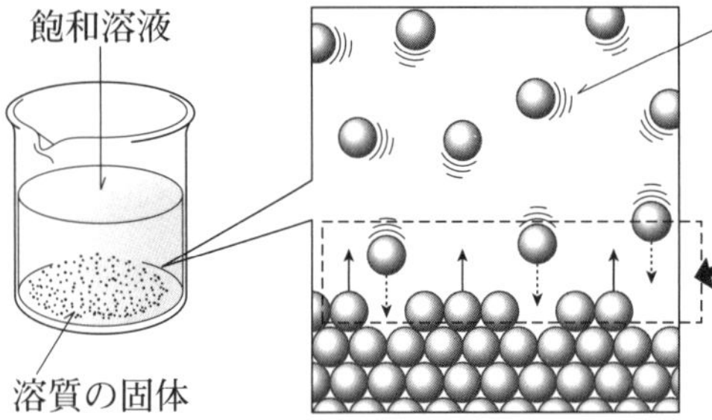

□ **2** 次の文の(　)に適当な語句を記入しなさい。

溶解度は，溶液の(①　　　　)によって変化する。一般に(①)が(②　　　　)くなるほど，溶解度は大きくなる。溶解度と(①)の関係を表すグラフを(③　　　　)という。

□ **3** 次の文を読み，あとの問いに答えなさい。

ホウ酸 H_3BO_3 の水に対する溶解度は 70℃ で 20.0，10℃ で 5.0 である。70℃ の水 150.0 g にホウ酸 40.0 g を入れ，十分にかくはんしてから，a70℃に保ちながら溶け残りをろ過した。この操作の後，bろ液を 10℃ に冷却すると結晶が析出した。

(1) a の溶け残りのホウ酸は何 g ですか。　(　　　　)

(2) b の結晶は何 g ですか。　(　　　　)

Check

↳ **2** 一定量の溶媒に溶質を溶かしていくと，ある量でそれ以上溶けなくなる。

↳ **3** 固体の溶解度は溶媒 100 g に溶ける溶質の最大質量〔g〕で表す。

□ **4** 右図のA～Cはそれぞれ水，0.1 mol/kg グルコース水溶液，0.1 mol/kg 塩化ナトリウム水溶液の蒸気圧曲線のいずれかを表している。次の問いに答えなさい。

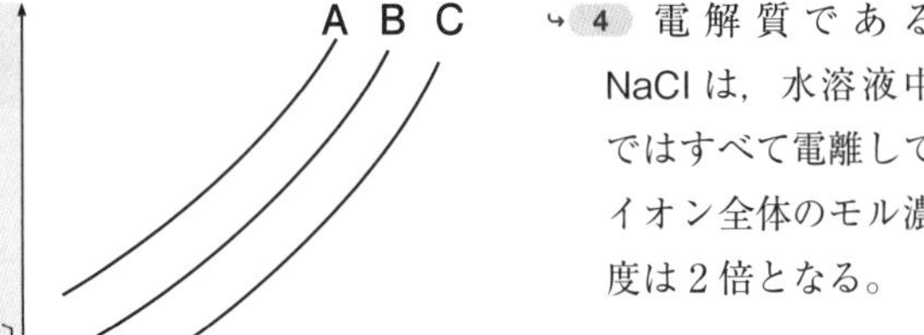

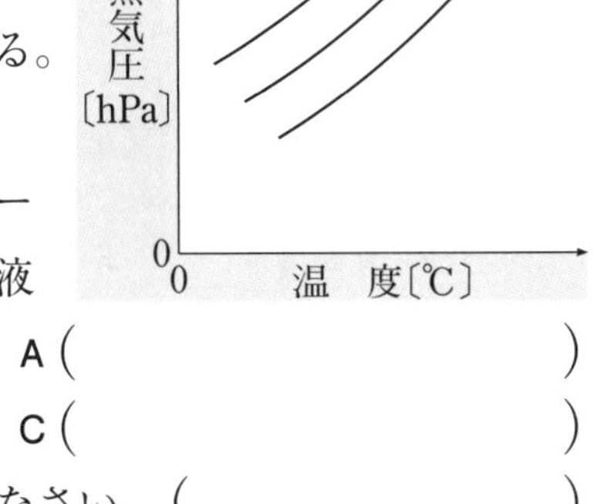

(1) A～Cは，それぞれ水，グルコース水溶液，塩化ナトリウム水溶液のうちのどれですか。 A（　　　　　　　）

B（　　　　　　　） C（　　　　　　　）

(2) A～Cを沸点の高い順に並べなさい。（　　，　　，　　）

↳ **4** 電解質である NaCl は，水溶液中ではすべて電離して，イオン全体のモル濃度は2倍となる。

□ **5** 一定量の水にグルコースを溶かした水溶液をつくったところ，水および水溶液の冷却曲線は右図のようになった。これらの冷却曲線に関する記述として正しいものを，次のア～エから選びなさい。（　　）

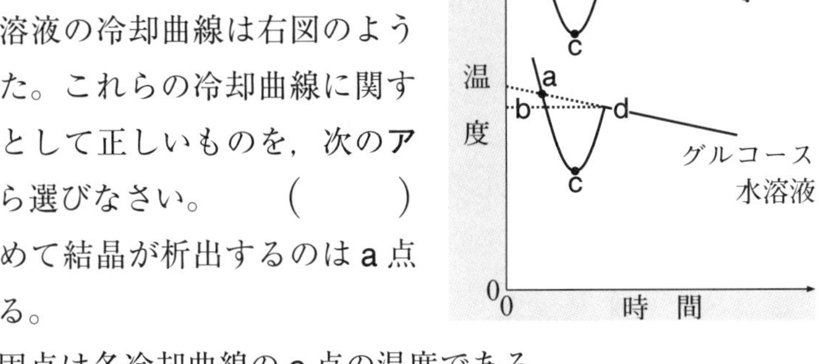

ア 初めて結晶が析出するのは a 点である。

イ 凝固点は各冷却曲線の c 点の温度である。

ウ 凝固点降下の大きさは水の a 点とグルコース水溶液の a 点の温度差である。

エ グルコース水溶液をさらに水で薄めた水溶液の凝固点はさらに下がる。

↳ **5** ア．過冷却状態を経て実際に凝固し始める。
イ．凝固点は，過冷却状態を経ることなく冷却が始まったと見なせる温度。
ウ．水と水溶液の凝固点の温度差。
エ．凝固点降下度は，溶質の質量モル濃度に比例する。

□ **6** 次の文の（　）に適当な語句を記入しなさい。

溶液中のある成分（例えば水のような（①　　　　　）分子）は通すが，ほかの成分（例えばスクロースのような（②　　　　　）分子）は通さない膜を（③　　　　　）という。水とスクロース水溶液を（ ③ ）で仕切り，しばらく放置すると水分子が（ ③ ）を通って（④　　　　　　　）の側に移動する。この現象を（⑤　　　　　）という。また，（ ⑤ ）をおさえるのに必要な圧力を（⑥　　　　　）という。希薄溶液の（ ⑥ ）は溶液のモル濃度と（⑦　　　　　）に比例する。これを（⑧　　　　　　）の法則という。

↳ **6** セロハン膜や細胞膜は，分子の大きさにより，通す成分と通さない成分がある。

確認

ファントホッフの法則

溶媒や溶質の種類には無関係。

6 コロイド

解答▸別冊P.4

POINTS

1 **コロイド粒子**……直径10^{-9}～10^{-7} m 程度の粒子。ろ紙は通るが**半透膜**を通過できない。ほかの物質に均一に分散している状態，あるいは物質を**コロイド**，コロイド粒子が液体中に分散している溶液を**コロイド溶液**という。コロイドでは粒子(＝**分散質**)を分散させている物質を**分散媒**という。無機物質が分散した**分散コロイド**，分子量の大きな分子1個からなる**分子コロイド**，多数の分子が集まりミセルをつくる**会合コロイド**に分類される。

2 **ゾルとゲル**……流動性のあるコロイド溶液を**ゾル**，流動性のないものを**ゲル**という。

3 **チンダル現象**……コロイド粒子が光を散乱するため，光の進路が明るく輝いて見える現象。

4 **ブラウン運動**……コロイド溶液中のコロイド粒子が不規則に動く現象。

5 **透析**……半透膜を小さい分子やイオンが通りぬけて移動すること。

6 **電気泳動**……帯電したコロイド粒子が反対符号の電極のほうへ移動する現象。

7 **疎水コロイドと凝析**……水との親和力の小さい疎水コロイドが少量の電解質で沈殿する現象を**凝析**という。

8 **親水コロイドと塩析**……水との親和力の大きい親水コロイドが多量の電解質で沈殿する現象を**塩析**という。

9 **保護コロイド**……疎水コロイドに加えて凝析しにくくする効果のある親水コロイド。

□ **1** 次の図表の①～⑧に適当な語句を記入しなさい。

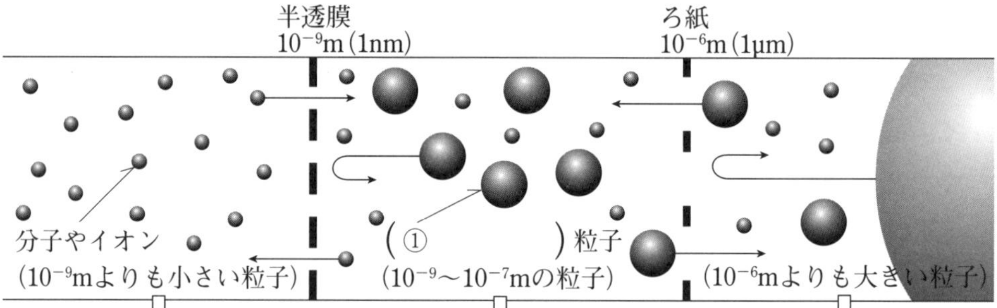

半透膜
10^{-9}m(1nm)

ろ紙
10^{-6}m(1μm)

分子やイオン
(10^{-9}mよりも小さい粒子)

(①　　　　)粒子
(10^{-9}～10^{-7}mの粒子)

(10^{-6}mよりも大きい粒子)

溶液の種類	(②　　　)	(③　　　)	――――
溶液の例	(④　　　)，スクロース水溶液	(⑤　　　)，タンパク質の水溶液	――――
溶液中の粒子	(⑥　　　)	(⑦　　　)	沈殿する
溶液の見え方	透明	透明または(⑧　　　)	――――

□ **2** 次の物質ア～クのうち，水に溶かしたときにコロイド溶液になるものをすべて選びなさい。　　(　　　　　　　)

ア　塩化ナトリウム　　**イ**　牛乳　　**ウ**　デンプン(温水)
エ　ミョウバン　　**オ**　墨汁　　**カ**　セッケン
キ　グルコース(ブドウ糖)　　**ク**　卵白

Check

2 溶質粒子が小さい→真の溶液
溶質粒子が大きい，あるいは多数の粒子が集まる→コロイド溶液

□ **3** 下の図を見て，(　)に適当な語句を記入しなさい。

疎水(①　　　　　　)の(②　　　　　　)

(③　　　　　　)の $Al_2(SO_4)_3$ 添加

(④　　　　　　)コロイドの(⑤　　　　　　)

(⑥　　　　　　)の NaCl 添加

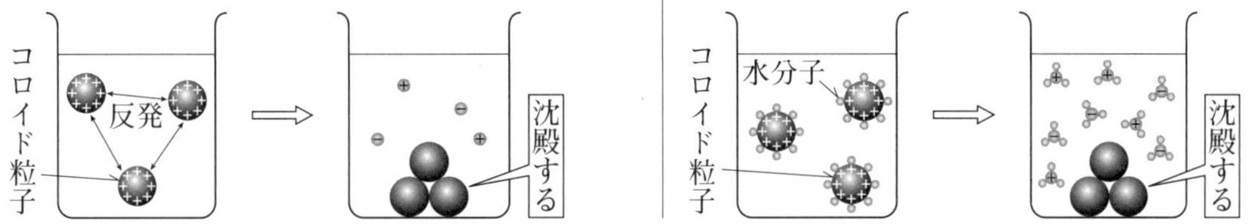

□ **4** コロイドに関する次の記述で正しいものにはT，誤っているものにはFで答えなさい。

(1) 水酸化鉄(Ⅲ)のコロイド溶液に電極を入れ，直流電圧をかけると，コロイド粒子は陰極側に移動する。 (　　)

(2) チンダル現象を利用して，水の濁りの程度をはかることはできない。 (　　)

(3) ゼラチンのコロイド溶液に少量の電解質溶液を加えると，ゼラチンが沈殿する。 (　　)

(4) スクロース，食塩，タンパク質，デンプンを含んだ水溶液をセロハン袋に入れ，流水に浸すと，タンパク質とデンプンがセロハン袋の中に残る。 (　　)

(5) デンプン水溶液中のコロイド粒子の運動は限外顕微鏡では観察できない。 (　　)

(6) 硫黄のコロイド溶液を凝析させるには，塩化ナトリウム水溶液よりも硫酸アルミニウム水溶液のほうが有効である。 (　　)

(7) 液体セッケンに少量の食塩水を加えると，沈殿してセッケンの固まりを生成する。 (　　)

(8) 保護コロイドを加えると，疎水コロイドが親水コロイドと似た性質を示し，凝析しにくくなる。 (　　)

↳ **4** ・＋の電荷をもつコロイド
水酸化鉄(Ⅲ)
・－の電荷をもつコロイド
硫黄，粘土
・コロイド粒子と反対符号の電荷をもつ価数の大きいイオンほど凝析の効果が大きい。
・親水コロイドは多数の水分子が水和して安定している。

□ **5** U字管に粘土のコロイド溶液を入れて直流電圧をかけると，陽極側に色のついた部分が移動した。次の問いに答えなさい。

(1) 粘土のコロイド粒子は陽極側，陰極側のどちらに移動しましたか。また，それはなぜですか。

(　　　)極側　(　　　　　　　　　　　　　　　　)ため

(2) 粘土のコロイドを凝析させるのに，加える量が最も少量でよいのはどの電解質か，次の**ア**～**オ**から選びなさい。ただし，電解質水溶液のモル濃度はすべて同じとする。 (　　)

ア Na_2SO_4　**イ** $Al_2(SO_4)_3$　**ウ** $CaCl_2$　**エ** $MgCl_2$　**オ** KCl

↳ **5** (2)疎水コロイドと反対の電荷をもち，価数の大きいイオンのほうが凝析させやすい。

7 化学反応と熱・光

解答▶別冊P.5

POINTS

1 エンタルピー H……一定圧力，温度において物質がもっている化学エネルギー。

① **反応エンタルピー**…化学反応に伴って放出または吸収される熱量。エンタルピーの変化量ΔHで示される。反応エンタルピーを式で表すには，化学反応式の右側にエンタルピー変化ΔHを書き加える。

② **反応エンタルピーの符号**…発熱反応ではΔHが負の値，吸熱反応ではΔHが正の値になる。

2 反応エンタルピーの種類

① **燃焼エンタルピー**…物質1 molが完全燃焼するときのエンタルピー変化。

② **生成エンタルピー**…物質1 molがその成分元素の単体から生成するときのエンタルピー変化。

③ **溶解エンタルピー**…溶質1 molを多量の水(溶媒)に溶かしたときのエンタルピー変化。

④ **中和エンタルピー**…酸と塩基の中和反応で水1 molが生成するときのエンタルピー変化。

3 ヘスの法則(総熱量保存の法則)……反応エンタルピーは，反応の経路によらず，反応の最初と終わりの状態で決まる。

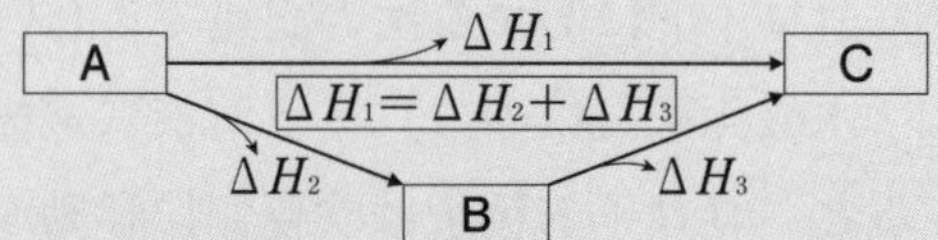

4 生成エンタルピーと反応エンタルピーの関係

反応エンタルピー
＝(生成物の生成エンタルピーの総和)
－(反応物の生成エンタルピーの総和)

5 結合エネルギー……気体分子内の共有結合を切断するのに必要なエネルギー。

6 結合エネルギーと反応エンタルピーの関係

反応エンタルピー
＝(反応物の結合エネルギーの総和)
－(生成物の結合エネルギーの総和)

□ **1** 次の図や文の(　)に適当な語句や化学式，数値を記入しなさい。

(1) 1 molの水素が完全燃焼して(①　　　)を生じるとき242 kJの熱量を(②　　　)する。

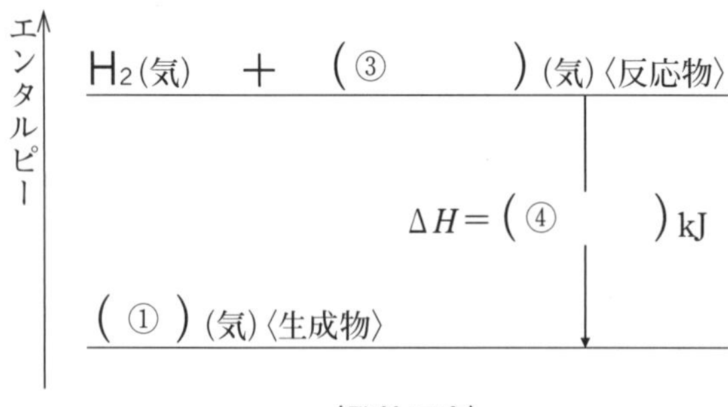

〈発熱反応〉

(2) 水酸化ナトリウム1 molを多量の水に溶かしたとき(⑤　　　)kJの熱量を放出する。

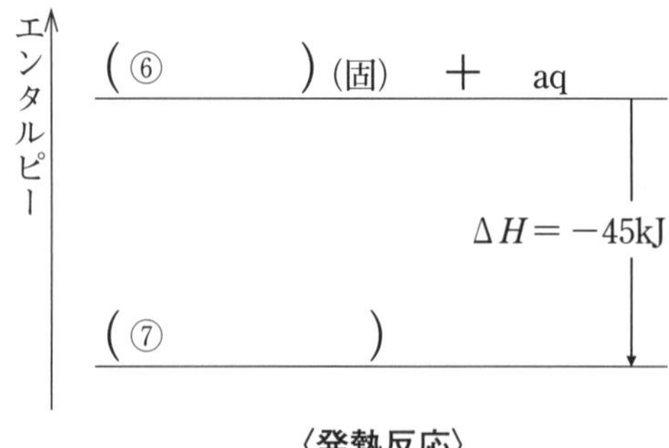

〈発熱反応〉

□ **2** 次の化学反応式における反応エンタルピーの種類をあとの**ア**～**オ**から選びなさい。

(1) HClaq＋NaOHaq ⟶ NaClaq＋H_2O(液)　ΔH＝－56.5 kJ　(　　)

(2) $NaNO_3$(固)＋aq ⟶ $NaNO_3$aq　ΔH＝20.5 kJ　(　　　)

(3) CH_4＋$2O_2$ ⟶ CO_2＋$2H_2O$(液)　ΔH＝−891 kJ　(　　　)

(4) H_2O(固) ⟶ H_2O(液)　ΔH＝6.0 kJ　(　　　)

(5) C(黒鉛)＋$2H_2$(気) ⟶ CH_4(気)　ΔH＝−75.0 kJ　(　　　)

ア　中和エンタルピー　　**イ**　燃焼エンタルピー

ウ　生成エンタルピー　　**エ**　溶解エンタルピー

オ　融解エンタルピー

Check

2　1 mol の固体が 1 mol の液体になるときのエンタルピー変化が融解エンタルピー。

「aq」はラテン語の aqua(水)の略で，溶媒としての水を表す。

□ **3**　次の化学変化を化学反応式に反応エンタルピーを書き加えた式で表しなさい。

(1) メタン CH_4 の生成エンタルピーは−75 kJ/mol である。

(　　　　　　　　　　　　　　　　　　　　　　)

(2) 塩化ナトリウム 3.0 g を 200 g の水に溶かすと，0.20 kJ の熱量が吸収される。ただし，式量は，NaOH＝58.5 とする。

(　　　　　　　　　　　　　　　　　　　　　　)

(3) 0.200 mol のプロパン C_3H_8 が完全燃焼すると，444 kJ の熱量を放出する。

(　　　　　　　　　　　　　　　　　　　　　　)

(4) 過酸化水素 1 mol が水と酸素に分解するとき，175.5 kJ の発熱がある。

(　　　　　　　　　　　　　　　　　　　　　　)

3　(2)溶解エンタルピーは溶質 1 mol が多量の水に溶けたときの熱量。

(3)燃焼エンタルピーは物質 1 mol が完全燃焼したとき放出する熱量。

確認

反応エンタルピーの変化

主体となる物質 1 mol に対する反応エンタルピーを，**発熱反応**のときは「−」，**吸熱反応**のときは「＋」をつけて書く。

□ **4**　炭素(黒鉛)と一酸化炭素の燃焼エンタルピーは，それぞれ −394 kJ/mol，−283 kJ/mol である。一酸化炭素の生成エンタルピーを求めなさい。

(　　　　　)

4　**ヘスの法則**

・C(黒鉛)＋O_2 ⟶ CO_2　ΔH＝−394 kJ

・CO＋$\frac{1}{2}O_2$ ⟶ CO_2　ΔH＝−283 kJ

□ **5**　水素，塩素および塩化水素の結合エネルギーは，それぞれ 436 kJ/mol，243 kJ/mol，432 kJ/mol である。塩化水素の生成エンタルピーを求めなさい。

(　　　　　)

5　反応エンタルピー＝(反応物の結合エネルギーの総和)−(生成物の結合エネルギーの総和)

第1章　第2章　第3章　第4章　第5章

8 電　池

解答▸別冊P.6

POINTS

1 **電池のしくみ**……化学エネルギーを電気エネルギーとして取り出す装置。**正極**では**還元反応**が，**負極**では**酸化反応**が起こる。それぞれの極で反応する物質を**活物質**という。

2 **さまざまな電池**（[　]内は酸化数の変化）

① **ダニエル電池**

(−)Zn | $ZnSO_4$aq | $CuSO_4$aq | Cu(+)

正極：$Cu^{2+}+2e^- \longrightarrow Cu$ [Cu：+2 → 0]

負極：$Zn \longrightarrow Zn^{2+}+2e^-$ [Zn：0 → +2]

② **鉛蓄電池**　(−)Pb | H_2SO_4aq | PbO_2(+)

正極：$PbO_2+4H^++SO_4^{2-}+2e^-$

$\longrightarrow PbSO_4+2H_2O$ [Pb：+4 → +2]

負極：$Pb+SO_4^{2-}$

$\longrightarrow PbSO_4+2e^-$ [Pb：0 → +2]

全体：$Pb+PbO_2+2H_2SO_4$

$\rightleftarrows 2PbSO_4+2H_2O$

③ **燃料電池（リン酸形）**

(−)H_2 | H_3PO_4 aq | O_2(+)

正極：$O_2+4H^++4e^- \longrightarrow 2H_2O$ [O：0 → −2]

負極：$H_2 \longrightarrow 2H^++2e^-$ [H：0 → +1]

□ **1** 次のダニエル電池の模式図の①～⑧に適当な語句や化学式を記入しなさい。

ダニエル電池の模式図

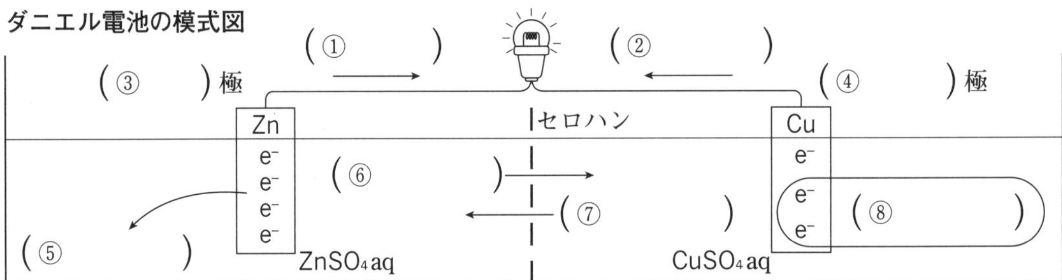

□ **2** 次の文の(　)に適当な語句を記入しなさい。

酸化還元反応にともなう(①　　　)エネルギーを(②　　　)エネルギーとして取り出す装置を電池という。正極では(③　　　)反応が，負極では(④　　　)反応が起こる。このときそれぞれの極で反応する物質を(⑤　　　)という。

Check

□ **3** ダニエル電池について，次の問いに答えなさい。

(1) 正極・負極での変化をe^-を含むイオン反応式で表しなさい。

正極(　　　　　　　　　　)　負極(　　　　　　　　　　)

(2) **1** の模式図において，セロハン（素焼き板でもよい）はどのような働きをしていますか。

(　　　　　　　　　　　　　　　　　　　　　　)

(3) ダニエル電池を長い時間放電させるには，2つの電解質水溶液（$ZnSO_4$aq，$CuSO_4$aq）の濃度をどのようにすればよいですか。

(　　　　　　　　　　　　　　　　　　　　　　)

↳**3** (3)放電すると$ZnSO_4$aqが濃くなり，$CuSO_4$aqが薄くなっていく。

確認

電池の起電力

2種類の金属を用いる電池では，**イオン化傾向の差が大きいほど起電力も大きくなる。**

□ **4** 次の燃料電池の模式図の①～⑤に適当な語句を記入しなさい。

リン酸形燃料電池の模式図

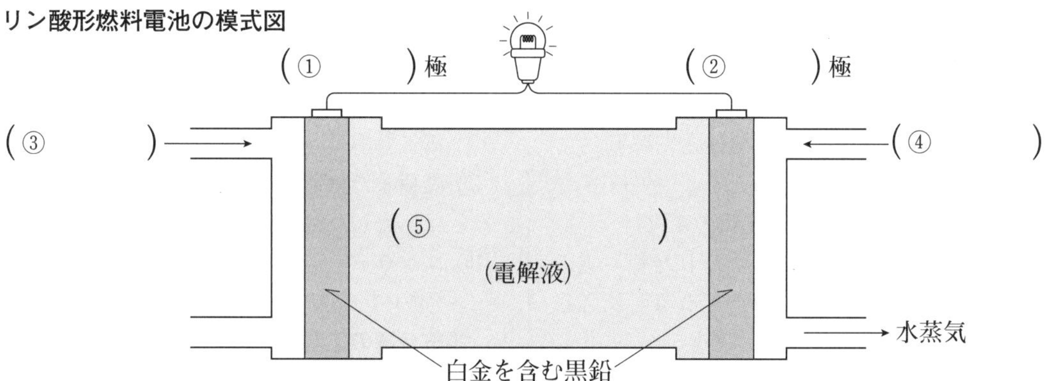

□ **5** リン酸形燃料電池の正極および負極の反応を，それぞれイオン反応式で表しなさい。

正極(　　　　)

負極(　　　　)

□ **6** 鉛蓄電池について，次の問いに答えなさい。

(1) 鉛蓄電池の正極活物質および負極活物質を，それぞれ化学式で書きなさい。

正極活物質(　　　　)　負極活物質(　　　　)

(2) 正極・負極での変化を e^- を含むイオン反応式で，電池全体の変化を化学反応式で表しなさい。

正極(　　　　)

負極(　　　　)

全体(　　　　)

(3) 鉛蓄電池は，外部の直流電源につないで放電と逆向きの電流を強制的に流すと，電極で放電と逆の反応が起こって，放電する前の状態に戻る。この操作を何といいますか。(　　　　)

(4) 鉛蓄電池やリチウムイオン電池のように，(3)の操作を行うと繰り返し用いることができる電池を何といいますか。

(　　　　)

(5) 鉛蓄電池を 5.0 A の電流で 16 分 5 秒間放電させた。このとき，負極の質量および電解液の質量変化は何 g になるか，増加した場合は＋を，減少した場合は－をそれぞれ数値の前につけて答えなさい。ただし，ファラデー定数は 9.65×10^4 C/mol とする。

負極の質量変化(　　　　)　電解液の質量変化(　　　　)

↳ **5** 正極：酸素が反応，負極：水素が反応。

↳ **6** (1)正極：酸化鉛(Ⅳ)，負極：鉛
(2)正極は e^- を受け取る→酸化数減
負極は e^- を放出→酸化数増
(5)鉛蓄電池の放電では，両極の物質はともに硫酸鉛(Ⅱ) $PbSO_4$ に変化する。
Pb＝207
PbO_2＝239
$PbSO_4$＝303

確認

鉛蓄電池の質量変化(放電;充電は逆)

①**正極**
$PbO_2 \longrightarrow PbSO_4$
電子 2 mol あたり 64 g 増加。

②**負極**
$Pb \longrightarrow PbSO_4$
電子 2 mol あたり 96 g 増加。

③**電解液**
硫酸が反応するため，密度が減少。

9 電気分解

解答▸別冊P.7

POINTS

1 電気分解……自然には起こらない酸化還元反応を，電気エネルギーを与えて強制的に起こす操作。

2 陽極と陰極（[ ]内は酸化数の変化）

① **陽極**…電池の正極につながれた極。電子を失う反応（酸化反応）が起こる。反応した物質の酸化数は増加する。

例 $2Cl^- \longrightarrow Cl_2 + 2e^-$[Cl：−1→0]

$4OH^- \longrightarrow O_2 + 4e^- + 2H_2O$[O：−2→0]

② **陰極**…電池の負極につながれた極。電子を受け取る反応（還元反応）が起こる。反応した物質の酸化数は減少する。

例 $Cu^{2+} + 2e^- \longrightarrow Cu$[Cu：+2→0]

$2H^+ + 2e^- \longrightarrow H_2$[H：+1→0]

3 電気分解されない物質

① **陽極**…NO_3^-，SO_4^{2-}は反応せず，水が反応する。$2H_2O \longrightarrow O_2 + 4e^- + 4H^+$

② **陰極**…Na^+，Al^{3+}など，イオン化傾向の大きい金属のイオンは反応せず，水が反応する。

$2H_2O + 2e^- \longrightarrow H_2 + 2OH^-$

4 ファラデーの法則

① 電気量〔C〕＝電流〔A〕×時間〔s〕

② 陽極または陰極で変化する物質の物質量は，流した電気量に比例する。

③ ファラデー定数：$F = 9.65 \times 10^4$ C/mol（電子 1 mol のもつ電気量の大きさ）

5 電気分解の工業的利用

① **水酸化ナトリウムの製造**

イオン交換膜法…陽極側と陰極側を陽イオン交換膜で仕切り，塩化ナトリウムの飽和水溶液を電気分解。

② **銅の製造**

銅の電解精錬…粗銅を陽極，純銅を陰極，硫酸酸性の硫酸銅（Ⅱ）水溶液を電解液として電気分解。陽極の下には**陽極泥**が堆積。

③ **アルミニウムの製造**

氷晶石を加え，融解したアルミナ Al_2O_3 を炭素電極で電気分解（溶融塩電解）。陰極で Al が析出し，陽極では CO，CO_2 が発生する。

□ **1** 次の表の①～⑧に生成する物質名やイオン名を記入しなさい。

電解液	電極		生成する物質またはイオン	
	陽極	陰極	陽極	陰極
$CuCl_2$ 水溶液	C	C	（① ）	（② ）
融解 NaCl	C	Fe	（③ ）	（④ ）
$CuSO_4$ 水溶液	Pt	Pt	（⑤ ）	（⑥ ）
$CuSO_4$ 水溶液	Cu	Cu	（⑦ ）	（⑧ ）

□ **2** 電気量に関する次の問いに答えなさい。アボガドロ定数は 6.0×10^{23} /mol，ファラデー定数は $F = 9.65 \times 10^4$ C/mol とする。

(1) 2.0 A の電流を 2 分間流したときの電気量は何 C ですか。（ ）

(2) 電子 1 個のもつ電気量の大きさは何 C ですか。（ ）

(3) 10 A の電流を 16 分 5 秒間流したとき，何 mol の電子が流れたことになりますか。（ ）

Check

↳ 2 (1)

電気量＝電流×時間
〔C〕　〔A〕　〔秒〕

(2)～(4) 1 mol の電子のもつ電気量の大きさ＝9.65×10^4 C

(4) ある大きさの電流で1時間4分20秒間電気分解したところ，その回路には0.020 mol の電子が流れた。回路に通じた電流は何Aでしたか。　(　　　　)

□ **3** 水酸化ナトリウムの製造に関する次の図の①～⑧に適当な語句や化学式を記入しなさい。

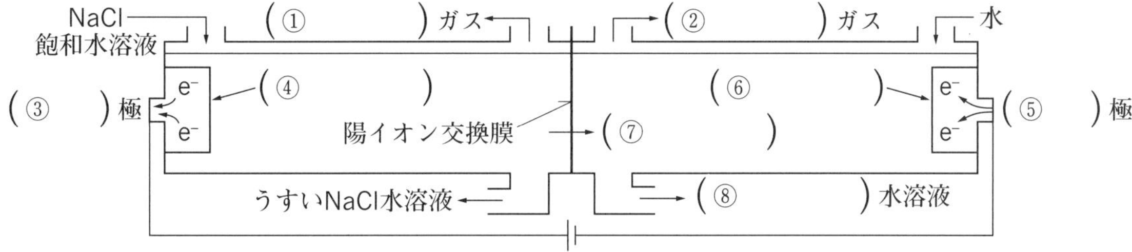

□ **4** 次の物質を電気分解したとき，陽極・陰極で起こる反応をそれぞれイオン反応式で表しなさい。

(1) H_2SO_4 水溶液

陽極(　　　　　　)　陰極(　　　　　　)

(2) NaOH 水溶液

陽極(　　　　　　)　陰極(　　　　　　)

□ **5** 右図に示すように電解槽Ⅰに硝酸銀水溶液，電解槽Ⅱに硫酸ナトリウム水溶液を入れ，電気分解を行ったところ，白金電極Aに銀が43.2 g析出した。ただし，原子量は，Ag＝108とする。

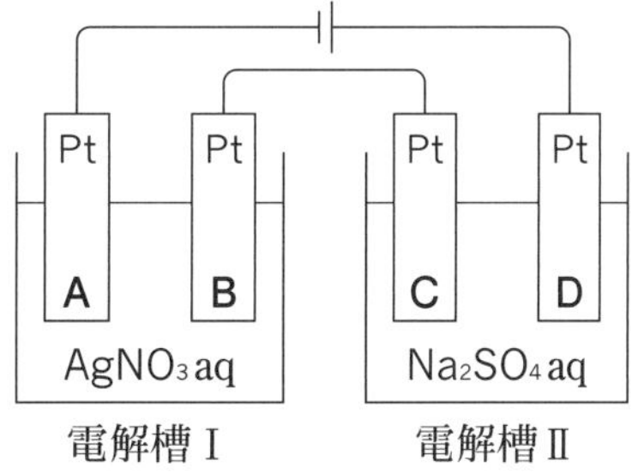

(1) 電気分解によって白金電極C，Dで発生した気体の物質量を合計すると，いくらになりますか。　(　　　　)

(2) 白金電極C，D付近のpHは，電気分解によって，それぞれどう変化しますか。

C(　　　　　)　D(　　　　　)

□ **6** 次の文の(　)に適当な語句を記入しなさい。

銅の精錬では，黄銅鉱から粗銅をつくる。硫酸酸性にした硫酸銅(Ⅱ)水溶液中で，粗銅を(①　　　)極に，純銅を(②　　　)極にして電気分解すると，(③　　　)極に銅が析出する。このとき，(④　　　)極の下には，粗銅に含まれていた鉄，ニッケル，金，銀，亜鉛などの不純物のうち，イオン化傾向の小さい(⑤　　　)や(⑥　　　)が堆積する。この堆積物を(⑦　　　　)という。

↳**4** (1)陽極はH_2O，陰極はH^+が反応する。(2)陽極はOH^-，陰極はH_2Oが反応する。

↳**5** (1)直列接続において，電解槽Ⅰと電解槽Ⅱを流れる電気量は等しい。
(2)電気分解により，
・電極付近で「H^+が生じる」または「OH^-が消費される」と酸性になる。
・電極付近で「OH^-が生じる」または「H^+が消費される」と塩基性になる。
例 $2H_2O \longrightarrow O_2 + 4e^- + 4H^+$　pH減少
$2H_2O + 2e^- \longrightarrow H_2 + 2OH^-$　pH増加

↳**6** 粗銅中の銅と，銅よりもイオン化傾向の大きい金属は，イオンとなって電解液中に溶け出す。両電極間に約0.3 Vの電圧を加えて長時間電気分解を行う。

10 反応速度

解答▸別冊P.9

POINTS

1 反応速度……反応物または生成物の単位時間あたりの変化量。反応速度は**正の値**で表す。
反応速度式…$2HI \longrightarrow H_2 + I_2$ の反応では，
$v = k[HI]^2$ （k は反応速度定数）
ここで，[HI]は，HIの濃度を表す。

2 活性化エネルギーと触媒
① **遷移状態（活性化状態）**…反応物から生成物に向かうときの，最もエネルギーの高い中間の状態。
② **活性化エネルギー**…反応物質を遷移状態にするために必要なエネルギー。
③ **触媒**…反応物に作用して，活性化エネルギーを小さくする物質。

3 反応条件と反応速度
① **濃度**…濃度を大きくすると，反応する粒子の衝突回数が多くなるので，反応速度は大きくなる。
② **圧力**…温度一定で，圧力を大きくすると，一定体積あたりの濃度が大きくなるので，①と同様，反応速度は大きくなる。
③ **温度**…温度を高くすると，活性化エネルギーを超える粒子の数が増加するので，反応速度は大きくなる。
④ **触媒**…触媒を加えると，活性化エネルギーの小さい経路に変わるので，反応速度は大きくなる。

□ **1** 次の図を見て，①～⑥に適当な語句を記入しなさい。

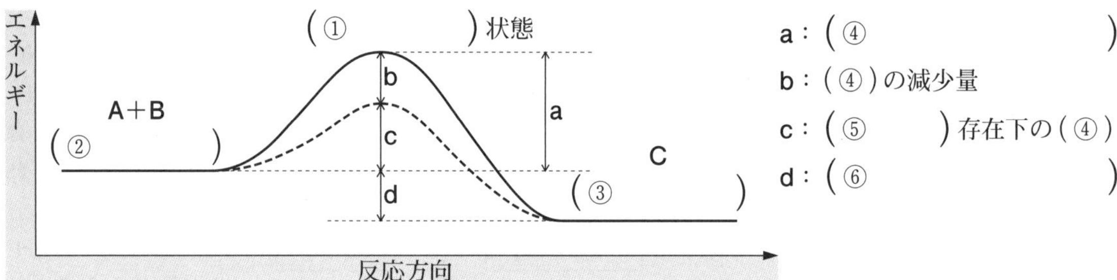

□ **2** 次の文の（　）に適当な語句を記入しなさい。

反応物の濃度が増すと反応速度は（①　　　　）くなり，反応系の温度が（②　　　　）すると反応速度は大きくなる。また，化学反応を起こすのに最低限必要なエネルギーを（③　　　　　　　）という。（④　　　　　）は（③）の値を変化させ，反応速度に影響を与える。

□ **3** 次の問いに答えなさい。

(1) 温度が10℃上がると反応速度が3倍になる反応がある。初めの状態から温度を40℃上げると，反応速度は何倍になりますか。また，20℃下げると反応速度は何倍になりますか。

（　　　　，　　　　）

(2) $A + 2B \longrightarrow C$ の反応で，反応速度 v は次の式で表される。
$v = k[A][B]^2$ （k は反応速度定数）

このとき，A，Bの濃度をそれぞれ2倍，3倍にすると，反応速度は何倍になりますか。　(　　　)

Check

□ **4** 一定温度で，過酸化水素 H_2O_2 の水溶液に触媒を加えて H_2O_2 を分解した。化学反応式は次の式で表される。

$$2H_2O_2 \longrightarrow 2H_2O + O_2$$

過酸化水素のモル濃度を測定したところ，右上の表のようになった。時間区分を，(a) 0 ～ 4 分，(b) 4 ～ 8 分，(c) 8 ～ 12 分とするとき，次の問いに答えなさい。

時間〔min〕	$[H_2O_2]$〔mol/L〕	時間区分
0	0.54	
		(a)
4	0.36	
		(b)
8	0.24	
		(c)
12	0.16	

(1) (a)における過酸化水素の平均濃度〔mol/L〕を求めなさい。

(　　　)

(2) (b)における過酸化水素の分解反応の平均反応速度〔mol/(L·min)〕を求めなさい。　(　　　)

(3) 過酸化水素の分解反応の反応速度が$[H_2O_2]$に比例するとき，(c)における反応速度定数はいくらか，小数第2位まで求めなさい。

(　　　)

↳ **4** (2)(b)の反応速度は，

$$v = \frac{\text{濃度の減少量}}{\text{反応時間}}$$

(3) H_2O_2 の分解反応の反応速度は，

$v = k[H_2O_2]$

□ **5** 右図を見て，次の問いに答えなさい。

エネルギー
X
234kJ
N_2+3H_2
92kJ
$2NH_3$
反応時間

(1) この反応は吸熱反応ですか，発熱反応ですか。　(　　　)

(2) この反応の反応エンタルピーは何 kJ ですか。　(　　　)kJ

(3) 図の X の状態を何といいますか。

(　　　)

(4) この反応の活性化エネルギーは何 kJ ですか。(　　　)kJ

(5) 触媒が存在するとき，反応経路の図は点線のようになった。この触媒のはたらきとして最も適当なものを，次の**ア**～**エ**から選びなさい。　(　　　)

ア 反応エンタルピーの大きさを変える。

イ 生成物の濃度を小さくする。

ウ 活性化エネルギーを小さくする。

エ 生成物を変える。

(6) この反応で触媒を用いた場合，触媒を用いなかった場合と比較して，反応速度は大きくなりますか，小さくなりますか。

(　　　)

↳ **5** (1)反応前後のエネルギーの差を考える。
(5)・(6)触媒は，活性化エネルギーを減少させ，反応速度を大きくする。

確認

逆反応の活性化エネルギー E'

E'＝反応エンタルピー＋正反応の活性化エネルギー
(発熱反応のとき，反応エンタルピーは負の値)

11 化学平衡とその移動

解答▶別冊P.9

POINTS

1 **可逆反応**……$H_2+I_2 \rightleftarrows 2HI$ のように，どちらの方向にも進む反応。
右向きの反応：正反応
左向きの反応：逆反応

2 **平衡状態(化学平衡の状態)**……正反応と逆反応の反応速度が等しくなり，見かけ上，反応が静止しているように見える状態。

3 **平衡定数**……$H_2+I_2 \rightleftarrows 2HI$ の平衡において，$\dfrac{[HI]^2}{[H_2][I_2]}=K$ が成り立ち，K は温度が一定ならば，一定の値となる。この K を平衡定数という。([HI]は，HIの濃度)

4 **化学平衡の法則(質量作用の法則)**
可逆反応 $aA+bB \rightleftarrows pP+qQ$ で，
平衡定数 $K=\dfrac{[P]^p[Q]^q}{[A]^a[B]^b}$

5 **圧平衡定数**……気体の可逆反応では，平衡定数を分圧を用いて表すことができる。
$N_2+3H_2 \rightleftarrows 2NH_3$
圧平衡定数 $K_p=\dfrac{P_{NH_3}{}^2}{P_{N_2}\cdot P_{H_2}{}^3}$
(P_{NH_3}，P_{N_2}，P_{H_2} は分圧)

6 **ルシャトリエの原理(平衡移動の原理)**
……条件変化を緩和させる方向へ平衡が移動する。

濃度変化 { 増加：減少させる方向へ / 減少：増加させる方向へ }

圧力変化 { 増加：分子数が減少する方向へ / 減少：分子数が増加する方向へ }

温度変化 { 上昇：吸熱反応の方向へ / 下降：発熱反応の方向へ }

□ **1** H_2 1.0 mol と I_2 1.0 mol を密閉容器に入れ，ある温度に保つと平衡状態に達し，H_2 が 0.20 mol になった。容器の体積を V〔L〕とする。次の①～⑫に適当な化学式や数値，式を記入しなさい。

化学反応式	H_2	+ I_2	$\rightleftarrows$ 2(①)
反応前の物質量〔mol〕	1.0	1.0	0
変化した物質量〔mol〕	−0.80	−(②)	+(③)
平衡時の物質量〔mol〕	0.20	(④)	(⑤)

平衡時のモル濃度はそれぞれ
$[H_2]$＝(⑥)〔mol/L〕，
$[I_2]$＝(⑦)〔mol/L〕，
$[HI]$＝(⑧)〔mol/L〕

平衡定数 $K=\dfrac{[HI]^2}{[H_2][I_2]}$ より，$K=\dfrac{(⑨\quad)^2}{(⑩\quad)\times(⑪\quad)}=\dfrac{1.6^2}{0.20^2}=$(⑫)

□ **2** 1 と同じ条件(温度，容器)で H_2 2.0 mol と I_2 2.0 mol を容器に入れると，HIが生じて平衡状態に達した。平衡定数も 1 と同じであるとするとき，HIの物質量を求めなさい。

( )

Check
↳ 2 H_2 と I_2 が x〔mol〕反応して平衡状態になると，HIが $2x$〔mol〕生じる。

□ **3** 次の文の( )に適当な語句を記入しなさい。

反応 $2HI \rightleftarrows H_2+I_2$ のように，正反応・(①)反応ともに起こる反応を(②)反応という。

（②）反応において正反応の速さと（①）反応の速さが等しくなった状態を，（③　　　　）状態という。（③）状態では，見かけ上は反応が（④　　　　　　　）ように見える。

□ **4** 次の反応の平衡定数を表す式を書きなさい。

(1) $H_2 + I_2 \rightleftarrows 2HI$ （　　　　　　）

(2) $2NO_2 \rightleftarrows N_2O_4$ （　　　　　　）

(3) $N_2 + 3H_2 \rightleftarrows 2NH_3$ （　　　　　　）

□ **5** 二酸化炭素と黒鉛が反応し，一酸化炭素が生成する反応は次の通りである。

CO_2(気)＋C(黒鉛)$\rightleftarrows$ 2CO(気)

この反応の圧平衡定数 K_p を表す式を書きなさい。
ただし，CO，CO_2 の分圧をそれぞれ p_{CO}，p_{CO_2} とする。

（　　　　　　）

↳ **5** 圧平衡定数は気体のみで考える。

□ **6** 可逆反応 $N_2 + 3H_2 \rightleftarrows 2NH_3$　$\Delta H = -92.2$ kJ が平衡状態にあるとき，次の(1)～(6)のように条件を変化させると，それぞれの場合に平衡の移動はどのようになるか,「右」,「左」,「移動しない」で答えなさい。

(1) H_2 を取り除く。（　　　）

(2) 圧力を高くする。（　　　）

(3) 温度を下げる。（　　　）

(4) 触媒の鉄を加える。（　　　）

(5) 体積を一定に保ちながら Ar を加える。（　　　）

(6) 圧力を一定に保ちながら He を加える。（　　　）

↳ **6** (5)体積一定では，混合気体の分圧に変化はない。
(6)元の圧力のまま He を加えるため，元の気体の分圧は減少する。

確認

ルシャトリエの原理

条件（濃度・圧力・温度）変化を**緩和させる方向**へ平衡が移動する。

□ **7** 酢酸とエタノールの混合物をある一定の温度でかくはんしたところ，反応 $CH_3COOH + C_2H_5OH \rightleftarrows CH_3COOC_2H_5 + H_2O$ が進行した。

酢酸 1.0 mol とエタノール 1.0 mol の混合物を反応させ，ある一定の温度で平衡に達したとき，酢酸は 0.20 mol に減少していた。このときの平衡定数はいくらか，最も近い値を次の**ア**～**オ**から選びなさい。（　　）

ア 4　**イ** 8　**ウ** 12　**エ** 16　**オ** 20

↳ **7** 平衡に達したときの，各物質の物質量〔mol〕を考える。

12 水溶液中の化学平衡 ①

解答▸別冊P.11

POINTS

1 電離定数……電離するときの平衡定数のこと。

酢酸の電離は次のようになる。

$$CH_3COOH + H_2O \rightleftarrows CH_3COO^- + H_3O^+$$

$[H_2O]$ は一定と考えてよいので，$K[H_2O]$ を K_a とおき，$[H_3O^+]$ を $[H^+]$ と略記すると，酢酸の電離定数は，

$$K_a = \frac{[CH_3COO^-][H^+]}{[CH_3COOH]}$$ （K_a：酸の電離定数）

また，アンモニアの電離は次のようになる。

$$NH_3 + H_2O \rightleftarrows NH_4^+ + OH^-$$

$[H_2O]$ は一定と考えてよいので，$K[H_2O]$ を K_b とおくと，アンモニアの電離定数は，

$$K_b = \frac{[NH_4^+][OH^-]}{[NH_3]}$$ （K_b：塩基の電離定数）

2 水のイオン積

水のイオン積（25℃）

$$K_w = [H^+][OH^-] = 1.0\times10^{-14} (mol/L)^2$$

3 pH

① **水素イオン指数**：pH

$pH = -\log_{10}[H^+]$

（$[H^+]$ は水素イオン濃度〔mol/L〕）

$[H^+] = 1.0\times10^{-n}$ mol/L のとき，$pH = n$

② **水溶液の性質と pH**（25℃）

酸性	← 中性 →	塩基性
$[H^+] > [OH^-]$	$[H^+] = [OH^-]$	$[H^+] < [OH^-]$
$pH < 7$	$pH = 7$	$pH > 7$

4 電離平衡……電離による化学平衡のこと。

c〔mol/L〕の酢酸水溶液において，電離度 $\alpha \ll 1$ のとき，

$$K_a = \frac{[CH_3COO^-][H^+]}{[CH_3COOH]} = \frac{c\alpha \times c\alpha}{c(1-\alpha)} = \frac{c\alpha^2}{1-\alpha}$$

$1-\alpha \fallingdotseq 1$ より，$K_a = c\alpha^2$，$\alpha = \sqrt{\frac{K_a}{c}}$

$[H^+] = c\alpha = \sqrt{cK_a}$ より，$pH = -\frac{1}{2}\log_{10} cK_a$

□ **1** 次の①～⑧に適当な式や数値を記入しなさい。

c〔mol/L〕の酢酸水溶液において，電離度を α（$\ll 1$）とする。

化学反応式	CH_3COOH	$\rightleftarrows$	CH_3COO^-	＋	H^+	
電離前	c		0		0	〔mol/L〕
変化量（増＋，減－）	$-c\alpha$		$+c\alpha$		$+c\alpha$	〔mol/L〕
平衡時	（①　　）		$c\alpha$		$c\alpha$	〔mol/L〕

電離定数 $K_a = \frac{[CH_3COO^-][H^+]}{[CH_3COOH]} = \frac{(②\quad)}{(③\quad)} = \frac{c\alpha^2}{1-\alpha} \fallingdotseq$（④　　　）

α は1より十分小さいので（⑤　　）とみなせる。

したがって $\alpha = \sqrt{(⑥\quad)}$（$\alpha > 0$）

ここで，$[H^+] = c\alpha =$（⑦　　　）より，$pH = -\log_{10}[H^+] =$（⑧　　　）

□ **2** 次の問いに答えなさい。

(1) 次のア～ウの記述のうち，誤っているものを選びなさい。

ア pH が2だけ小さくなると，$[OH^-]$ が100倍になる。

イ pH＝5 の水溶液を1000倍に薄めても，pH＝8 にならない。

ウ 25℃の純水の pH は7である。（　　）

(2) 次に示す水溶液（25℃）の pH と水溶液の性質を答えなさい。

Check

↳ **2** (2)水のイオン積

$K_w = [H^+][OH^-] = 1.0\times10^{-14}$（25℃）

① $[H^+]$＝0.0001 mol/L の水溶液　(　　　)(　　　)

② $[OH^-]$＝0.0001 mol/L の水溶液　(　　　)(　　　)

③ 0.1 mol/L のアンモニア水(電離度 0.01)

(　　　)(　　　)

□ **3** アンモニア水の電離平衡 $NH_3 + H_2O \rightleftarrows NH_4^+ + OH^-$ において，次の(1)～(3)のように条件を変化させると，平衡は左右のどちらに移動しますか。また，電離定数は大きくなる，小さくなる，変化しない，のいずれになりますか。ただし，温度は一定とする。

(1) 水で希釈する。　平衡(　　)　電離定数(　　　)

(2) 塩化アンモニウムを加える。

平衡(　　)　電離定数(　　　)

(3) 少量の塩酸を加える。平衡(　　)　電離定数(　　　)

□ **4** 次の文の(　)に適当な式や数値を記入しなさい。

水溶液中のアンモニアの電離平衡は，$NH_3 + H_2O \rightleftarrows NH_4^+ + OH^-$ と表される。アンモニア水のモル濃度を c〔mol/L〕，電離度を α とすると，平衡時の $[NH_3]$ は(①　　　)〔mol/L〕，平衡時の $[OH^-]$ は(②　　　)〔mol/L〕，電離定数 K_b は(③　　　)〔mol/L〕と表される。アンモニアは弱塩基なので，α が1より十分小さいとすると，$1-\alpha \fallingdotseq$(④　　)と近似されるので，電離定数 K_b は(⑤　　　)〔mol/L〕となる。よって，電離度 α は K_b と c を用いて(⑥　　　)と表される。また，平衡時の $[OH^-]$ は K_b と c を用いると(⑦　　　)〔mol/L〕と表すことができる。したがって，25℃の水のイオン積 $K_w = [H^+][OH^-] = 1.0 \times 10^{-14}(\text{mol/L})^2$ より，このアンモニア水の pH は，水溶液の温度が 25℃のとき(⑧　　　)と表される。

□ **5** 次の問いに答えなさい。

(1) 次の水溶液の pH を小数第2位まで求めなさい。水のイオン積 $K_w = 1.0 \times 10^{-14}(\text{mol/L})^2$，$\log_{10}7.4 = 0.87$，$\log_{10}9.5 = 0.98$ とする。

① 0.020 mol/L 酢酸水溶液(電離度 0.037)　(　　　)

② 0.050 mol/L アンモニア水(電離度 0.019)　(　　　)

(2) 0.27 mol/L の酢酸水溶液の電離度および水素イオン濃度を求めなさい。ただし，酢酸の電離定数は 2.7×10^{-5} mol/L，電離度は1より十分小さいものとする。

電離度(　　　)　水素イオン濃度(　　　)

↳ **3** (1) H_2O が増加
(2) NH_4^+ が増加
(3) OH^- が減少
電離定数は，温度によって変化する。

↳ **4** $K = \dfrac{[NH_4^+][OH^-]}{[NH_3][H_2O]}$ で，$[H_2O]$ は一定と考えてよいので，$K[H_2O] = K_b$ とする。
塩基の電離定数
$K_b = \dfrac{[NH_4^+][OH^-]}{[NH_3]}$

確認
電離定数
K_a：酸の電離定数
→acid：酸
K_b：塩基の電離定数
→base：塩基

↳ **5** (1)常用対数の値を計算に用いる。
(2)電離度 $\alpha = \sqrt{\dfrac{K_a}{c}}$
水素イオン濃度
$[H^+] = c\alpha = \sqrt{cK_a}$

第1章 第2章 第3章 第4章 第5章

13 水溶液中の化学平衡 ②

解答▸別冊P.12

POINTS

1 塩の加水分解……弱酸と強塩基からなる塩，および，強酸と弱塩基からなる塩の水溶液は**加水分解**され，もとの弱酸か弱塩基が生じる。

例　酢酸ナトリウム水溶液

$CH_3COONa \longrightarrow CH_3COO^- + Na^+$

$CH_3COO^- + H_2O \rightleftarrows CH_3COOH + OH^-$（塩基性）

例　塩化アンモニウム水溶液

$NH_4Cl \longrightarrow NH_4^+ + Cl^-$

$NH_4^+ + H_2O \rightleftarrows NH_3 + \underset{(H^+)}{H_3O^+}$　（酸性）

2 弱酸・弱塩基の遊離

弱酸の塩に強酸を加えると，**弱酸が遊離**し，弱塩基の塩に強塩基を加えると，**弱塩基が遊離**する。

3 緩衝液

① **緩衝作用**…少量の酸や塩基を加えても**pHがほぼ一定に保たれる**はたらき。

② **緩衝液**…緩衝作用のある溶液。**弱酸とその塩**からなる混合溶液，または**弱塩基とその塩**からなる混合溶液。

例　酢酸＋酢酸ナトリウム水溶液
　　アンモニア＋塩化アンモニウム水溶液

4 溶解度積 K_{sp}……難溶性の塩が溶解平衡にあるときの，その水溶液に含まれる陽イオン濃度と陰イオン濃度の積。温度が変わらなければ一定。

例　溶解平衡　$AgCl \rightleftarrows Ag^+ + Cl^-$ では，

$K_{sp} = 1.8\times10^{-10}(mol/L)^2$

$[Ag^+][Cl^-] > K_{sp}$ のとき，沈殿が生じる。

$[Ag^+][Cl^-] \leqq K_{sp}$ のとき，沈殿が生じない。

□ **1** 塩の加水分解に関する次の表の①～⑫に適当な語句や化学式を記入しなさい。

Ⅰ	（①　　　）酸と（②　　　）塩基からなる塩：酢酸ナトリウム CH_3COONa
	$CH_3COONa \longrightarrow$（③　　　）$+ Na^+$ $H_2O \rightleftarrows H^+ + OH^-$ （H^+ と ③ が結合 ↓）（④　　　） $[H^+] <$（⑤　　　） （⑥　　　）性
Ⅱ	（⑦　　　）酸と（⑧　　　）塩基からなる塩：塩化アンモニウム NH_4Cl
	$NH_4Cl \longrightarrow$（⑨　　　）$+ Cl^-$ $H_2O \rightleftarrows OH^- + H^+$ （OH^- と ⑨ が結合 ↓）（⑩　　　） $[OH^-] <$（⑪　　　） （⑫　　　）性

□ **2** 次の問いに答えなさい。

(1) 次の混合溶液のうち，緩衝液はどれですか。（　　）

ア 塩酸と塩化カリウム　　**イ** 酢酸と酢酸カリウム

ウ 硫酸と硫酸ナトリウム

(2) 次の化学反応式の右辺を完成させなさい。

① $CH_3COONa + HCl \longrightarrow$（　　　　　）

② $2NH_4Cl + Ca(OH)_2 \longrightarrow$（　　　　　）

Check

↳ **2** (1)弱酸とその塩の混合溶液
(2)弱酸・弱塩基の遊離

(3) 次の塩の水溶液は酸性，中性，塩基性のうちのどれを示すか，答えなさい。

① 炭酸ナトリウム(　　　) ② 塩化アンモニウム(　　　)

(3)①弱酸＋強塩基
②強酸＋弱塩基

□ **3** 次の文の(　)に適当な語句を記入しなさい。

酢酸は弱酸であるからわずかに電離し，次の(①　　　　　)平衡が成立する。

$$CH_3COOH \rightleftarrows CH_3COO^- + H^+ \quad \cdots\cdots(a)$$

酢酸ナトリウムは電離度が(②　　　　)く，(b)式のようにほとんど電離していると考えてよい。

$$CH_3COONa \longrightarrow CH_3COO^- + Na^+ \quad \cdots\cdots(b)$$

いま，酢酸の水溶液に酢酸ナトリウムを加えると，(a)式の平衡は(③　　　)に移動し，H^+の濃度は(④　　　　)する。この混合溶液に少量の酸を加えると，増加したH^+は多量にある(⑤　　　　　　　)と結合するため(a)式の平衡は(⑥　　　)に移動し，H^+の濃度はほとんど変わらない。また，少量の塩基を加えると，増加したOH^-はH^+と反応し，混合溶液中のH^+が減少するので酢酸分子が電離し，(a)式の平衡は(⑦　　　)に移動する。そのため，この混合溶液のH^+の濃度はほとんど変わらない。すなわち，(⑧　　　　)はほとんど変化しない。

3 酢酸は弱酸であるのでわずかに電離する(平衡状態)。酢酸ナトリウムは水に溶けやすい塩なので，ほぼ100％電離する。
H^+やOH^-の量が変化することでどのような反応が起こるかを考える。

□ **4** 次の文を読み，あとの問いに答えなさい。

硫酸ナトリウム水溶液と塩化バリウム水溶液を混合すると，条件によって沈殿A(溶解度積 $K_{sp}=1.0\times10^{-10}(mol/L)^2$)が生成する。右図は，ある温度におけるこれら2種の塩の混合溶液中のバリウムイオンBa^{2+}と硫酸イオンSO_4^{2-}の濃度の関係を表している。

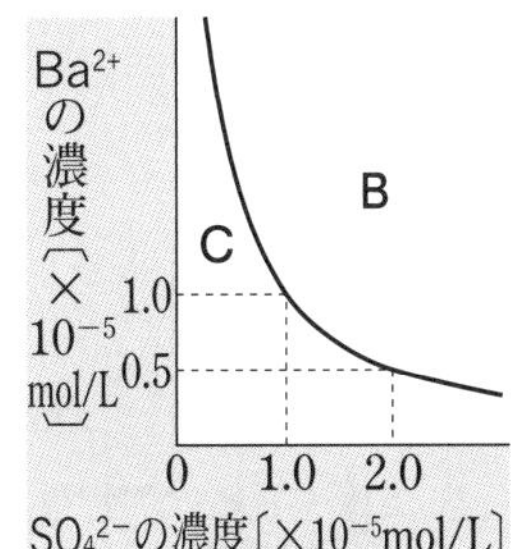

(1) 沈殿Aの化学式を書きなさい。(　　　　)

(2) 領域Bに適するものを次のア～カからすべて選びなさい。

ア $[Ba^{2+}]<[SO_4^{2-}]$　　**イ** $[Ba^{2+}]>[SO_4^{2-}]$

ウ 沈殿が存在する領域　　**エ** 沈殿が存在しない領域

オ $[Ba^{2+}][SO_4^{2-}]<1.0\times10^{-10}(mol/L)^2$

カ $[Ba^{2+}][SO_4^{2-}]>1.0\times10^{-10}(mol/L)^2$　(　　　　)

4 (1)硫酸バリウムの沈殿が生じる。
(2)Cの領域は，$[Ba^{2+}][SO_4^{2-}]<K_{sp}$であるため，沈殿は生じない。

□ **5** ある温度における酢酸0.10 molと酢酸ナトリウム0.10 molを含む1.0 Lの混合溶液のpHを求めなさい。ただし，この温度での酢酸の電離定数を$K_a=1.0\times10^{-4.7}$ mol/Lとする。(　　　　)

5 電離定数の式から$[H^+]=\cdots$と変形する。酢酸は電離度がとても小さいので，濃度は0.10 mol/Lとする。

14 典型元素 ①

解答▸別冊P.13

POINTS

1 水素……単体は2原子分子，無色無臭の気体。同温同圧では最も密度が小さい。

2 貴ガス(希ガス)……単原子分子，無色無臭。空気中にわずかに存在し，反応性が乏しい。
He…気球，飛行船　Ne…ネオンサイン

3 ハロゲンとその化合物

① **ハロゲン**…単体は2原子分子。常温常圧で F_2，Cl_2 は気体，Br_2 は液体，I_2 は固体。酸化力は $F_2 > Cl_2 > Br_2 > I_2$

② **ハロゲン化水素**…強い刺激臭のある無色の気体。水に溶けやすく，HF 以外は強酸。

4 酸素とその化合物

① **酸素**(O_2)…H_2O_2 に触媒として MnO_2 を加えて発生させる。

$$2H_2O_2 \longrightarrow 2H_2O + O_2\uparrow$$

② **オキソ酸**…分子中に酸素原子をもつ酸。酸性酸化物と水との反応で生じる。

$$P_4O_{10} + 6H_2O \longrightarrow 4H_3PO_4\ (リン酸)$$

5 硫黄の化合物

① **硫酸**(H_2SO_4)…無色油状の重い液体。沸点が高く不揮発性。濃硫酸には脱水，吸湿作用がある。熱濃硫酸は強い酸化作用がある。希硫酸は強酸。SO_4^{2-} は Ba^{2+} や Ca^{2+}，Pb^{2+} と反応して水に難溶性の白色沈殿を生じる。

② **硫化水素**(H_2S)…腐卵臭，還元性のある有毒な気体。多くの重金属イオンと反応し，特有の色をもつ硫化物の沈殿を生じる。

6 窒素の化合物

① **アンモニア**(NH_3)…特有の刺激臭をもつ無色で弱塩基性の気体。水によく溶ける。

② **硝酸**(HNO_3)…揮発性の強酸。熱や光により分解。酸化力が強く，Cu，Ag も溶かす。

7 リンの化合物

リン酸(H_3PO_4)…リンを空気中で燃やし，生じた P_4O_{10} を水と反応させて得る。

□ **1** 塩素の発生と捕集に関する次の図表の①～⑦に適当な語句を記入しなさい。

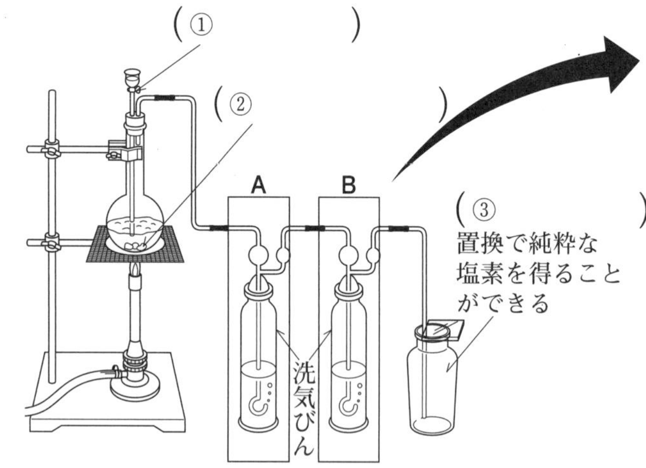

	Aの洗気びん	Bの洗気びん
洗気びん中の液体	(④　　)	(⑤　　)
除去される物質	(⑥　　)	(⑦　　)

□ **2** 硫酸について，次の問いに答えなさい。

(1) 次の反応を化学反応式で表しなさい。

① 銅に濃硫酸を加えて加熱する。

(　　　　　　　　　　　　　　　　　　)

Check
↳ **2** (1)① SO_2 が発生。

② スクロースに濃硫酸を加える。
(　　　　　　　　　　　　　　　　　　　　　　)

③ 塩化ナトリウムに濃硫酸を加えて加熱する。
(　　　　　　　　　　　　　　　　　　　　　　)

④ 硫化鉄(Ⅱ)に希硫酸を加える。
(　　　　　　　　　　　　　　　　　　　　　　)

(2) (1)の各反応は硫酸のどの性質，あるいは作用を利用したものか，次の**ア**～**オ**からそれぞれ適当なものを選びなさい。

ア 酸化作用　**イ** 脱水作用　**ウ** 発熱性
エ 強酸性　**オ** 不揮発性

①(　　) ②(　　) ③(　　) ④(　　)

②スクロースの分子式 $C_{12}H_{22}O_{11}$
③ NaCl は揮発性の酸(HCl)の塩。
④ FeS は弱酸(H_2S)の塩。

第1章 第2章 第3章 第4章 第5章

□ **3** 気体A～Fがある。次のⓐ～ⓖの文を読み，あとの問いに答えなさい。

ⓐ どの気体も水に溶け，B，C，D，E，F の水溶液は酸性を示し，A の水溶液は塩基性を示した。
ⓑ B は FeS に希硫酸を加えたときに発生する無色，腐卵臭の気体。
ⓒ A に D を近づけると，白煙を生じた。
ⓓ C は銅に濃硫酸を加え熱すると発生する無色，刺激臭の気体。
ⓔ D を硝酸銀水溶液に通じると，白色の沈殿が生じた。
ⓕ E を石灰水に通じると白色の沈殿を生じ，さらに通じると溶けた。
ⓖ F は銅に濃硝酸を加えたときに発生する赤褐色の気体。

(1) B，D，E，F にあてはまる気体は何か，次の**ア**～**ク**からそれぞれ選びなさい。

ア Cl_2　**イ** NH_3　**ウ** H_2S　**エ** SO_2
オ HCl　**カ** CO_2　**キ** NO　**ク** NO_2

B(　　) D(　　) E(　　) F(　　)

(2) C の気体の捕集方法として適しているものはどれか，次の**ア**～**ウ**から選びなさい。(　　)

ア 上方置換　**イ** 下方置換　**ウ** 水上置換

(3) A の気体を乾燥するときに使用する乾燥剤はどれか，次の**ア**～**エ**から選びなさい。(　　)

ア P_4O_{10}　**イ** $CaCl_2$　**ウ** 濃硫酸　**エ** ソーダ石灰

↳ **3** $NH_3 + HCl \longrightarrow NH_4Cl$（白色微結晶）
・二酸化硫黄は水に溶けやすい。
・硝酸銀はハロゲン化物イオンと反応して沈殿を生じる。
・二酸化窒素は赤褐色で，水と反応して硝酸と一酸化窒素になる。
・気体を乾燥させるには，その気体と反応しない乾燥剤を用いる。

確認
乾燥剤
原則として，中和反応が起こらないように酸性の気体には酸性の乾燥剤，塩基性の気体には塩基性の乾燥剤を使用する。

15 典型元素 ②

解答▸別冊P.13

POINTS

1 アルカリ金属(水素を除く 1 族元素)
……Li, Na, K, Rb, Cs, Fr

① 1 価の陽イオンになりやすい。
② 水と激しく反応して H_2 を発生し，水溶液は強塩基性を示す。多量に発熱する。
③ 反応の激しさは，K ＞ Na ＞ Li の順。

2 アルカリ金属の化合物

① NaOH…食塩水の電気分解でつくられる。潮解性あり。
② Na_2CO_3…白色固体。アンモニアソーダ法(ソルベー法)でつくられる。

3 アルカリ土類金属(2 族元素)
……Be, Mg, Ca, Sr, Ba, Ra

① 2 価の陽イオンになりやすい。
② 炭酸塩は水に溶けにくい。
③ Be, Mg とそれ以外で少し性質が異なる。Be, Mg 以外は，水とはアルカリ金属と同様の反応。硫酸塩は難溶。酸化物は反応し，強塩基性の水酸化物になる。

$$CaO + H_2O \longrightarrow Ca(OH)_2$$

$$Ca(OH)_2 + Cl_2 \longrightarrow \underset{\text{さらし粉}}{CaCl(ClO)\cdot H_2O}$$

4 アルミニウム……展性・延性に富み，熱・電気の伝導性が大きい。3 価の陽イオンになりやすい。Al_2O_3 を溶融塩電解してつくられる。酸とも塩基とも反応(両性金属)。濃硝酸には不動態となり，溶けない。

$$2Al + 6HCl \longrightarrow 2AlCl_3 + 3H_2 \uparrow$$

$$2Al + 2NaOH + 6H_2O \longrightarrow \underset{\text{テトラヒドロキシドアルミン酸ナトリウム}}{2Na[Al(OH)_4]} + 3H_2 \uparrow$$

5 スズと鉛……14 族元素。両性金属。価電子は 4 個で酸化数＋2，＋4 の化合物になる。スズは，はんだに利用される。硝酸鉛(Ⅱ)や酢酸鉛(Ⅱ)は水に溶けやすい。

□ **1** 次の図の①～⑤に適当な化学式を記入しなさい。

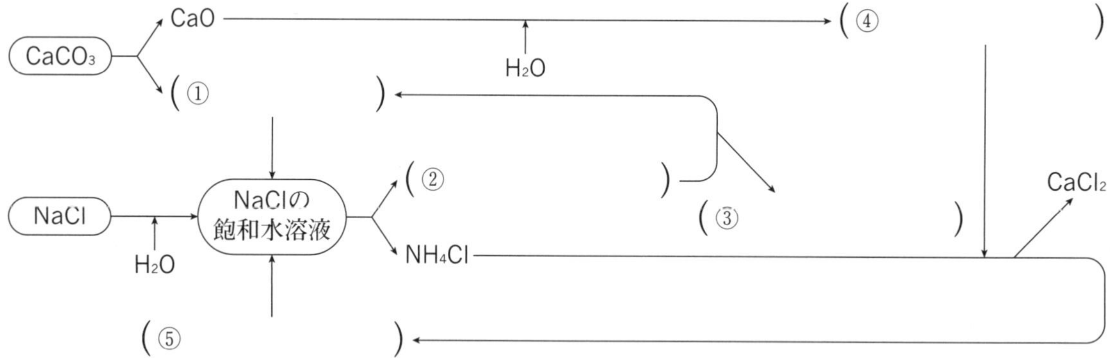

□ **2** 次の記述で，正しいものの組み合わせはどれか，あとのア～カから選びなさい。 (　　)

ⓐ K, Na, Ca, Mg は冷水と激しく反応し，水に溶けやすい水酸化物が生じる。
ⓑ Mg, Ca, Sr, Ba はいずれも 2 価の陽イオンになりやすい。
ⓒ Ca, Na, Ba の炭酸塩はいずれも水に溶けにくい。
ⓓ Ca, Na, Ba の炭酸水素塩を強く加熱すると，分解して

Check

2 ⓑいずれも価電子数は 2 である。
ⓒアルカリ金属の炭酸塩は水に溶けやすい。

CO_2 を発生する。

ⓔ Mg，Ca，Ba の硫酸塩はいずれも水に溶けにくい。

ⓕ Ca は橙赤色（とうせき），Sr は紅色，Na は黄色の炎色反応を示す。

ア ⓐ，ⓑ，ⓒ　イ ⓐ，ⓒ，ⓓ　ウ ⓐ，ⓓ，ⓔ

エ ⓑ，ⓓ，ⓕ　オ ⓑ，ⓔ，ⓕ　カ ⓒ，ⓔ，ⓕ

確認 炎色反応
Li：赤，Na：黄，K：赤紫，Ba：黄緑，Ca：橙赤，Sr：紅，Cu：青緑

□ **3** 次の図の①～⑥に適当な化学式を記入しなさい。

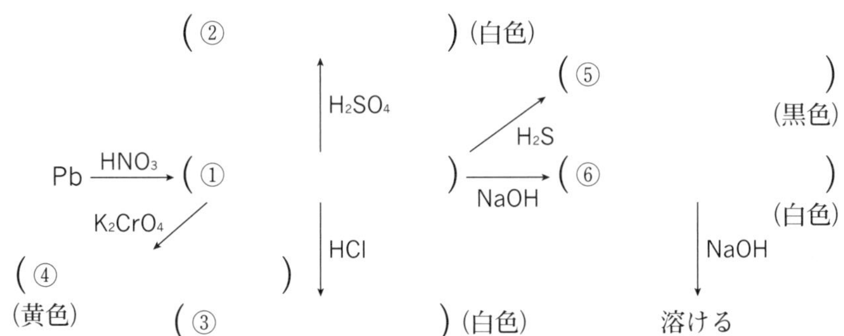

↳ **3** 鉛の化合物は水に溶けにくいものが多い。
$Pb(OH)_2$ は両性水酸化物である。

□ **4** 次の図の①～③に適当な化学式を記入しなさい。

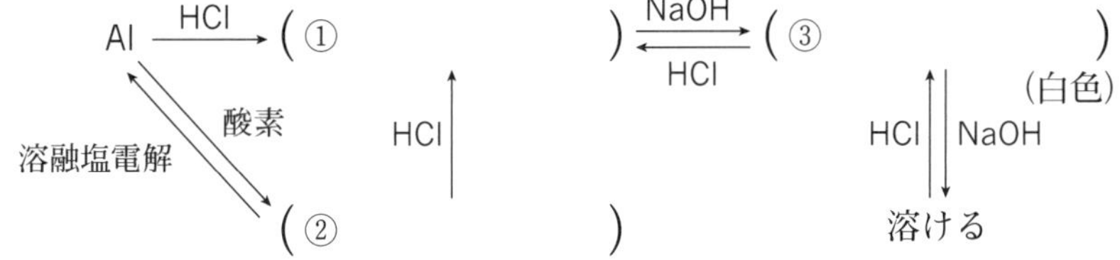

□ **5** Na^+，Mg^{2+}，Ba^{2+}，Al^{3+}，Pb^{2+} の各イオンのうち，次の(1)～(4)の性質にあてはまるイオンをすべて選びなさい。

(1) 塩酸を加えると，沈殿を生じる。 (　　　)

(2) 硫酸を加えると，沈殿を生じる。 (　　　)

(3) 水酸化ナトリウム水溶液を加えると沈殿が生じ，過剰に加えると沈殿は溶ける。 (　　　)

(4) 白金線につけて，無色の炎の中に入れると，黄色の炎色反応が見られる。 (　　　)

↳ **5** (3)両性水酸化物は強塩基には溶けるが，弱塩基には溶けない。

□ **6** Al_2O_3 の溶融塩電解で 3.0×10^4 A の電流を 100 時間通じると，理論上何 kg のアルミニウムができるか，有効数字 2 桁で答えなさい。ただし，ファラデー定数を $F=9.65\times10^4$ C/mol とし，Al の原子量は 27 とする。

(　　　)

↳ **6** $Al^{3+}+3e^- \longrightarrow Al$
電子 1 mol 分の電気量の大きさ(9.65×10^4C)で Al は $\frac{1}{3}$ mol 生成する。

16 遷移元素 ①

解答▸別冊P.14

POINTS

1 遷移元素の特徴

① 3 ～ 12 族の元素。
② 最外殻電子数は 2 または 1 で，同一周期の隣り合う元素で性質が似ている。
③ 硬く，融点が高い。熱や電気の伝導性も大きく，触媒としてはたらくものが多い。
④ 化合物は複数の酸化数を示し，有色のものが多い。また錯イオンをつくりやすい。

2 水溶液中のイオンの色

Fe^{2+}：淡緑　Fe^{3+}：黄褐　Cu^{2+}：青
Ni^{2+}：緑　Mn^{2+}：淡桃　MnO_4^-：赤紫
Cr^{3+}：緑　CrO_4^{2-}：黄　$Cr_2O_7^{2-}$：橙赤（とうせき）

3 錯イオン……金属イオンに，非共有電子対をもつ分子や陰イオンが配位結合したイオン。中心の金属イオンに配位結合している分子やイオンを**配位子**，その数を**配位数**という。また，錯イオンを含む塩を**錯塩**という。

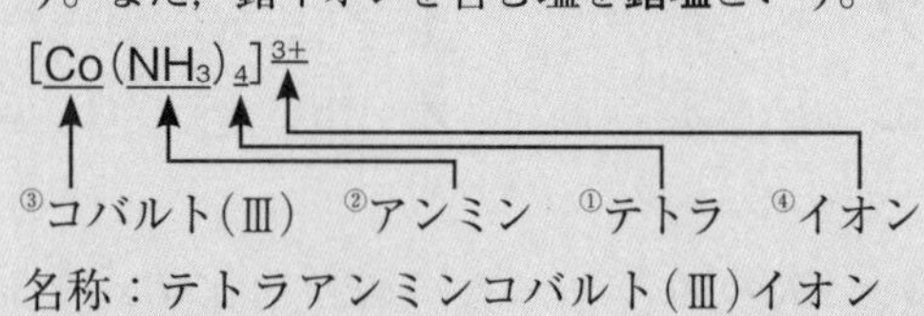

名称：テトラアンミンコバルト(Ⅲ)イオン

4 鉄とその化合物

① 磁性のある単体，酸化数は+2と+3。
② 鉄鉱石をコークスで還元してつくる。
③ Fe_2O_3，Fe_3O_4…赤さび，黒さびの主成分
④ $Fe(OH)_2$：緑白色
水酸化鉄(Ⅲ)：赤褐色
⑤ Fe^{2+}に $K_3[Fe(CN)_6]$ 水溶液を加えると濃青色沈殿(ターンブル青)ができる。
⑥ Fe^{3+}に KSCN 水溶液を加えると血赤色溶液となる。

□ **1** 次の図の①～④に適当な化学式，⑤，⑥に適当な語句を記入しなさい。

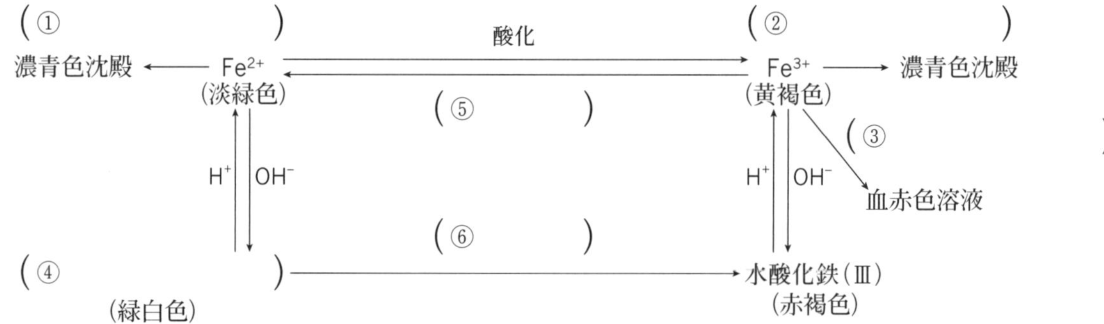

□ **2** 次のア～カの記述のうち，遷移元素の特徴を示すものをすべて選びなさい。（　　　　）

ア　すべて金属で，一般にイオン化傾向が小さく，安定である。
イ　同族元素で性質が似ている。同周期元素では規則的に性質が変化する。
ウ　有色の化合物をつくりやすく，錯イオンをつくりやすい。
エ　最外殻電子数は1か2で，原子番号の増加とともに内側の電子殻の電子数が増加する。

Check

2 ア．遷移元素は典型元素に比べ，イオン化エネルギーが大→陽イオンになりにくい。安定。
エ．典型元素は，最外殻電子数が族の順に増加。

オ　酸化数は族ごとに決まり，規則的である。

カ　硬く，一般に融点・沸点が高い。

□ **3**　次の文の(　)に適当な語句を入れ，A・Bの化学式と名称をそれぞれ答えなさい。

非共有電子対をもつ分子や陰イオンが金属イオンに(①　　　　)結合すると，錯イオンが生じる。水酸化物イオンと亜鉛(Ⅱ)イオンからはAが，またシアン化物イオンと鉄(Ⅲ)イオンからはBが生じる。錯イオンAおよびBの配位数は(②　　　)，(③　　　)，また構造は(④　　　　　　)形，(⑤　　　　　　)形である。

A　化学式(　　　　　　)
　　名　称(　　　　　　　　　　)

B　化学式(　　　　　　)
　　名　称(　　　　　　　　　　)

↳ **3** 配位子 OH^- の名称はヒドロキシド
CN^- はシアニド
配位数2…ジ
配位数3…トリ
配位数4…テトラ
配位数6…ヘキサ

□ **4**　次の文を読み，あとの問いに答えなさい。

a鉄を希硫酸に溶かした溶液から水を蒸発させると，淡緑色の結晶Aが析出した。これを水に溶かし，水酸化ナトリウム水溶液を加えると緑白色の沈殿Bができる。これをかき混ぜてしばらく放置すると，しだいに赤褐色の水酸化鉄(Ⅲ)に変化する。この沈殿をとり出して焼くと，赤褐色の粉末Cになった。bこの粉末は塩酸に溶け，その水溶液から黄褐色の結晶Dが得られた。さらに，cここに硫化水素を通じると，硫黄の沈殿が析出した。

(1)　生成された化合物A～Dを，それぞれ化学式で書きなさい。

A(　　　　　　)　B(　　　　　　)

C(　　　　　　)　D(　　　　　　)

(2)　下線部a～cの変化をそれぞれ化学反応式で表しなさい。

a(　　　　　　　　　　)

b(　　　　　　　　　　)

c(　　　　　　　　　　)

(3)　結晶Aの水溶液に塩素を通したときに起こる反応を，イオン反応式で表しなさい。

(　　　　　　　　　　)

↳ **4** 鉄イオンには Fe^{2+} と Fe^{3+} があり，鉄を希硫酸に溶かすと Fe^{2+} が生じる。
$Fe(OH)_2$ は空気中で酸化され，水酸化鉄(Ⅲ)になる。
(3) Cl_2 は酸化剤としてはたらく。

確認

結晶の特徴

$FeSO_4 \cdot 7H_2O$ は淡緑色結晶。

$FeCl_3 \cdot 6H_2O$ は黄褐色で潮解性のある結晶。

第1章 第2章 第3章 第4章 第5章

17 遷移元素 ②

解答▸別冊P.15

POINTS

1 銅・銀・亜鉛とその化合物

① **銅**…黄銅鉱などから得た粗銅を電解精錬してつくる。硝酸や熱濃硫酸に溶ける。

$Cu + 2H_2SO_4 \longrightarrow CuSO_4 + 2H_2O + SO_2\uparrow$

▶ $CuSO_4 \cdot 5H_2O$…青色結晶。加熱すると無水物 $CuSO_4$(白色粉末)になる。

▶ Cu^{2+}(青色) $\xrightarrow{OH^-}$ $Cu(OH)_2\downarrow$(青白色) $\xrightarrow{NH_3水}$ $[Cu(NH_3)_4]^{2+}$(深青色)

② **銀**…銀白色。常温で水や酸素と反応しない。

▶ $AgNO_3$…無色結晶。光によって分解して Ag が遊離する性質(感光性)があるため，褐色びんで保存する。

▶ Ag^+(無色) $\xrightarrow{OH^-}$ $Ag_2O\downarrow$(褐色) $\xrightarrow{NH_3水}$ $[Ag(NH_3)_2]^+$(無色)

▶ **ハロゲン化銀**…AgF 以外は難溶・感光性。

③ **亜鉛**…2価の陽イオンになりやすい。両性金属。Zn^{2+}は，過剰のアンモニア水を加えると錯イオンを形成して溶ける。

$Zn^{2+} + 2OH^- \longrightarrow Zn(OH)_2$（白色沈殿）

$Zn(OH)_2 + 4NH_3 \longrightarrow [Zn(NH_3)_4]^{2+} + 2OH^-$

テトラアンミン亜鉛(Ⅱ)イオン

2 クロム・マンガンとその化合物……$K_2Cr_2O_7$ や $KMnO_4$ は硫酸酸性水溶液中で強い酸化作用を示す。

$2CrO_4^{2-} + 2H^+ \longrightarrow Cr_2O_7^{2-} + H_2O$ （黄色→橙赤色）

$Cr_2O_7^{2-} + 2OH^- \longrightarrow 2CrO_4^{2-} + H_2O$ （橙赤色→黄色）

$Cr_2O_7^{2-} + 14H^+ + 6e^- \longrightarrow 2Cr^{3+} + 7H_2O$ （Cr^{3+}：暗緑色）

$MnO_4^- + 8H^+ + 5e^- \longrightarrow Mn^{2+} + 4H_2O$ （Mn^{2+}：淡桃色）

□ **1** 次の図の①～⑯に適当な語句や化学式を記入しなさい。

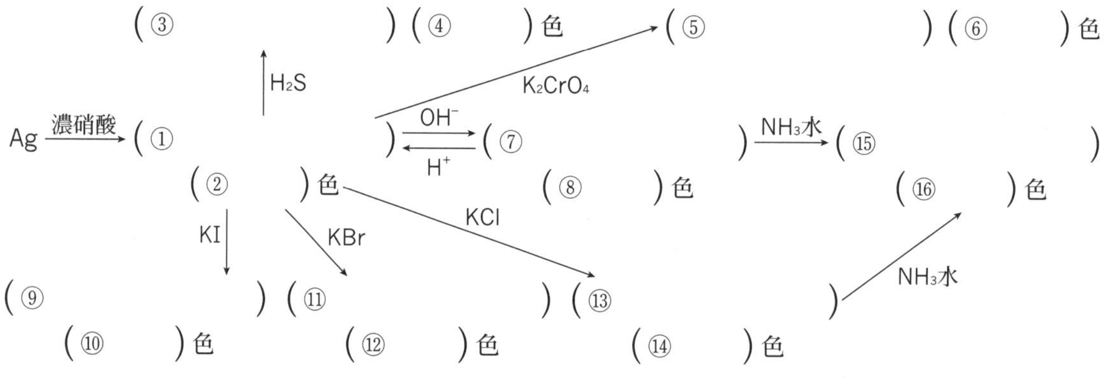

□ **2** 次の文を読み，あとの問いに答えなさい。

銅は周期表において，金属では(①　　　　)や(②　　　　)と同族であり，典型元素の金属単体と比べて融点が(③　　　　)く，密度が(④　　　　)く，熱や電気の伝導性が大きい。また，熱濃硫酸のような(⑤　　　　)の強い酸には溶ける。銅が濃硝酸に溶解するとき，赤褐色の気体である(⑥　　　　)を生じる。銅の塩化物などの水溶液は(⑦　　　　)色の炎色反応を示す。また，青色をした硫酸銅(Ⅱ)五水和物の結晶(図1)を加熱すると150℃以上で白色粉末になる。

〔図1〕

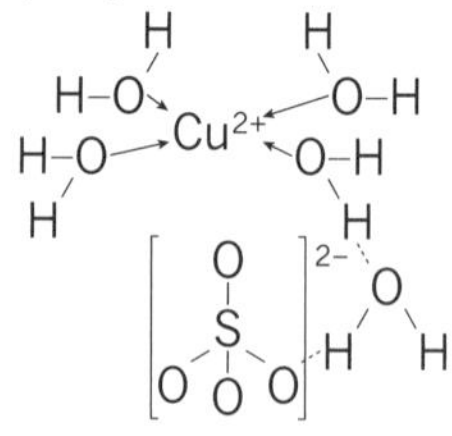

硫酸銅(Ⅱ)五水和物の結晶構造

(1) (　)内の①，②には元素記号を，③～⑦には適当な語句を記入しなさい。

(2) 図1のa点線とb矢印で示した結合の名称を答えなさい。

a(　　　　)結合　b(　　　　)結合

(3) 硫酸銅(Ⅱ)五水和物1.03 gを加熱し，質量変化を測定すると，図2のようなグラフになった。A，B，C点の質量はそれぞれ0.88 g，0.73 g，0.65 gである。A点での物質の化学式を書きなさい。ただし，式量や分子量は，$CuSO_4$＝159.5，H_2O＝18とする。

(　　　　)

〔図2〕

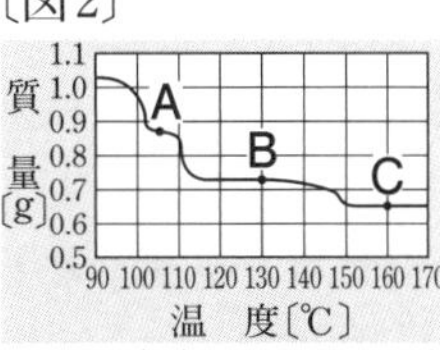

硫酸銅(Ⅱ)五水和物の結晶の加熱に伴う質量変化

Check

2 (1)銅は塩酸には溶けないが酸化力のある酸とは反応して水素以外の気体を発生する。

(3) $CuSO_4 \cdot 5H_2O$は加熱により，水分子が失われていく。

A点までに減少した質量が水分子何個分にあたるか考える。

□ **3** 次の図は5種類の陽イオンZn^{2+}，Ag^{+}，Fe^{3+}，Ca^{2+}，Cu^{2+}を分離する操作を示したものである。あとの問いに答えなさい。

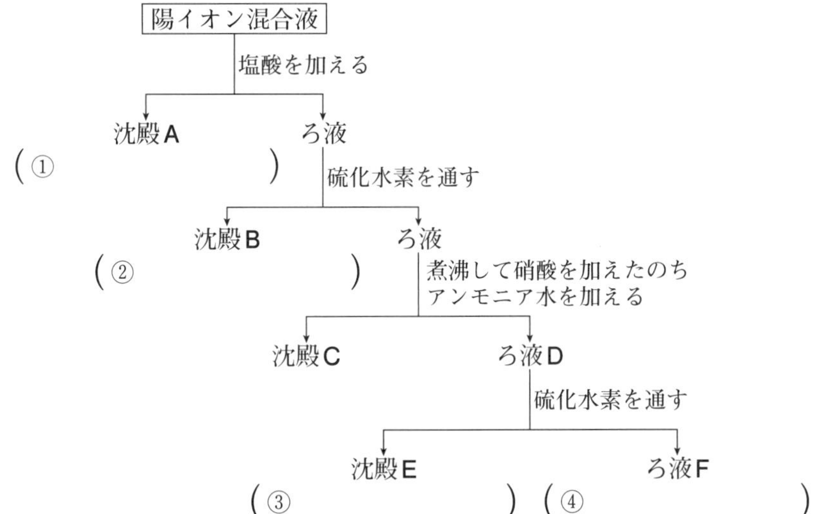

(1) 図の①～④に化学式を記入しなさい。

(2) 沈殿Cを塩酸に溶かし，ある試薬の水溶液を加えると濃青色の沈殿が生じた。次の〔　〕からその試薬を選び，化学式で書きなさい。

(　　　　)

〔アンモニア　　水酸化ナトリウム
ヘキサシアニド鉄(Ⅲ)酸カリウム
ヘキサシアニド鉄(Ⅱ)酸カリウム〕

(3) ろ液Dに含まれているイオンをすべて化学式で書きなさい。

(　　　　)

3 (1)沈殿Aは，Cl^{-}で沈殿。

沈殿Bは，酸性の状態でH_2Sで沈殿。

硝酸は酸化剤としてはたらく。

沈殿Eは，塩基性でH_2Sを通すと沈殿。

(2) Fe^{3+}の検出法。

18 無機物質と人間生活

解答▸別冊P.16

POINTS

1 人間生活にかかわる無機物質

① **合金**…2種類以上の金属を融解して混合した後，凝固させたもの。

例 ステンレス鋼，青銅，白銅，はんだ，黄銅(真ちゅう)，ジュラルミン

② **セラミックス**…無機物質を高温で熱してつくられた非金属材料。

例 セメント：モルタル，コンクリート
ガラス：ソーダ石灰ガラス，
ホウケイ酸ガラス
ファインセラミックス：カーボランダム

③ **めっき**…金属の表面を他の金属(スズ，亜鉛，金，銀など)で覆うこと。

例 トタン：鉄の表面に亜鉛をめっき
ブリキ：鉄の表面にスズをめっき

④ **いろいろな金属とその利用**

チタン：光触媒(酸化チタン)
白金：触媒，パラジウム：歯科治療材料
ネオジム：磁石，ガリウム：LED
インジウム：液晶ディスプレイ

⑤ **その他の合金**

形状記憶合金，水素吸蔵合金，超伝導合金

□ **1** 次の表の①～⑨に適当な元素記号や語句を記入しなさい。

合金の名称	主な元素	特徴	用途
ステンレス鋼	(①　　)	(③　　　)にくい。薬品につよい。	調理器具，流し台
黄銅(真ちゅう)	Cu	さびにくく，丈夫。加工性大。黄色光沢。	楽器，(⑦　　)円硬貨
青銅(ブロンズ)	Cu	さびにくい。加工性大。	美術品，(⑧　　)円硬貨
ジュラルミン	(②　　)	軽量で強度大。加工性大。	航空機，キャリーケース
はんだ(無鉛)	Sn	(④　　　)が低い。	(⑨　　　)の接合
ニクロム	Ni，Cr	(⑤　　　)抵抗大。	電熱器，ドライヤー
チタン合金	Ti	強度・耐食性大。人体に(⑥　　　)。	航空機，人工骨，人工関節

□ **2** 次の(1)～(4)の記述にあてはまる無機物質を下の**ア**～**カ**から選びなさい。

(1) 白色光沢があり，50円硬貨，100円硬貨に用いられている。　(　　)

(2) チタンとニッケルの合金で，変形しても加熱や冷却によって元に戻る性質がある。　(　　)

(3) 構成単位に規則性がなく集合した固体の状態。一定の融点をもたない。　(　　)

(4) 低温にしたとき電気抵抗が0になる性質をもつ合金。電流が流れ続けるので強力な電磁石となる。　(　　)

ア アモルファス　**イ** 水素吸蔵合金　**ウ** 白銅
エ 光ファイバー　**オ** 形状記憶合金　**カ** 超伝導合金

Check

2 身のまわりにある物質について考えてみよう。
(1)銅とニッケルの合金。
(2)加熱すると元の形に戻る。
(3)金属だけでなく，酸化物，高分子なども非晶質(→ p.2)の固体となる。

□ **3** 次の図の①～⑥に適当な化学式(イオンの化学式含む)を記入しなさい。

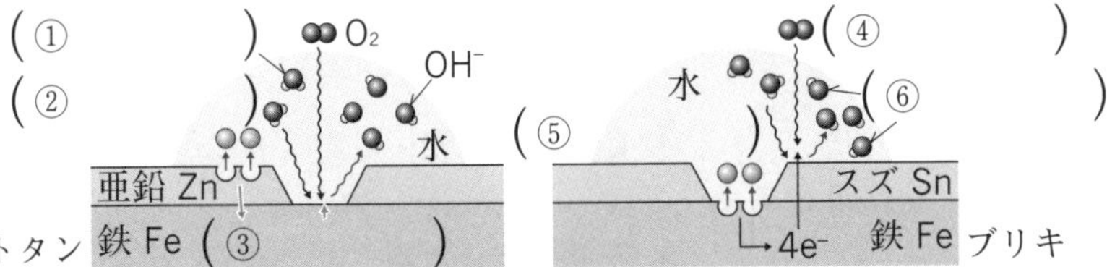

□ **4** 次の文の(　)にあてはまる語句を下の**ア～カ**から選びなさい。

鉄に(①　　　　)をめっきした(②　　　　)は傷がついても，イオン化傾向の差により，先に(①)が溶け出すため，鉄が腐食されにくい。そのため，屋外などの屋根に用いられる。また，鉄に(③　　　　)をめっきした(④　　　　)は，傷がつくとイオン化傾向の差により，内側の鉄が錆(さ)びてしまう。そのため，缶詰の缶の内側など，傷つきにくいところに利用されている。

ア　ブリキ　　**イ**　トタン　　**ウ**　スズ Sn　　**エ**　鉛 Pb

オ　亜鉛 Zn　　**カ**　アルミナ

□ **5** 次の文が表すセラミックスの名称を答えなさい。

(1)　ケイ砂とホウ砂を原料にしたガラスで，耐熱性に優れているため，実験用ガラス器具に用いられる。
(　　　　　　　　)

(2)　セメントに砂や小石，水を加えて固めたもの。ビルの建設には，鉄筋を入れて用いられる。(　　　　　　　　)

(3)　ケイ砂，炭酸ナトリウム，石灰石などの原料を融解して得られる。窓ガラスや瓶に使用されている。
(　　　　　　　　)

(4)　ジルコニア ZrO_2，カーボランダム SiC のように，高純度にした無機物質を原料とし，精密な条件で焼き固めたもの。
(　　　　　　　　)

(5)　陶器よりも高温で焼いてつくられる。吸湿性がなく，緻密なガラス質が特徴。(　　　　　　　　)

↳ **5** (3)一般的なガラス
(4)ニューセラミックスともいう。
(5)陶磁器の種類
土器：粘土が原料，多孔質
陶器：吸水性，保湿性，断熱性

□ **6** 次の**ア～ウ**の記述のうち，誤っているものを選びなさい。

ア　金属の表面を他の金属で覆うと腐食を防止することができる。

イ　チタンの単体は，紫外線を吸収し，強い酸化反応を起こすので光触媒とよばれる。

ウ　パラジウムと銀の合金は，耐水・耐食性が大きいので歯科治療に用いられる。　(　　)

確認
光触媒
酸化チタン TiO_2 は光触媒として，ビルの外壁や水滴がつきにくいガラスとして利用されている。

19 有機化合物の特徴と構造

解答▸別冊P.17

POINTS

1 有機化合物(有機物)……炭素原子を骨格とする化合物。ただし，CO や CO_2，炭酸塩などは除く。

2 有機化合物の特徴

① 構成元素の種類は少ない(C，H，N，O，P，S，ハロゲンなど)が，炭素原子の原子価が4で，炭素原子どうしだけでなくほかの原子とも多様に結合するため，化合物の種類はきわめて多い。

② 分子からなり，融点や沸点は比較的低い。

③ 可燃性のものが多く，完全燃焼で H_2O，CO_2 などを生じる。不完全燃焼ですすを生じる。

④ 水には溶けにくく，石油やエーテルなどの有機溶媒に溶けるものが多い。

3 炭化水素の分類……炭素と水素だけからなる化合物を**炭化水素**という。

① **鎖式炭化水素(脂肪族炭化水素)**…炭素原子が鎖状に結合。

② **環式炭化水素**…環状に結合した部分をもつ。

③ **飽和炭化水素**…炭素原子どうしの結合がすべて単結合からなる。

④ **不飽和炭化水素**…炭素原子の結合に二重結合や三重結合を含む。

4 官能基……有機化合物に特徴的な性質を与える原子団。

5 元素分析……炭素，水素，酸素からなる有機化合物を完全燃焼させたときに発生する H_2O と CO_2 を，それぞれ塩化カルシウムとソーダ石灰に吸収させて質量増加を調べる。

$$\text{H の質量}:\text{CaCl}_2\text{ の質量増加}\times\frac{2\times(\text{H の原子量})}{\text{H}_2\text{O の分子量}}$$

$$\text{C の質量}:\text{ソーダ石灰の質量増加}\times\frac{\text{C の原子量}}{\text{CO}_2\text{ の分子量}}$$

O の質量：試料の質量−(H の質量＋O の質量)

6 組成式(実験式)・分子式

$$\frac{\text{C の質量}}{12}:\frac{\text{H の質量}}{1.0}:\frac{\text{O の質量}}{16}=X:Y:Z$$

$C_XH_YO_Z$ … 組成式(実験式)

$(C_XH_YO_Z)_n=(12X+Y+16Z)\times n=$分子量

$C_{nX}H_{nY}O_{nZ}$ … 分子式

□ **1** 次の表の①～⑪に適当な語句や官能基を記入しなさい。

官能基の種類		一般名	官能基の種類		一般名
(①)	−OH	(②)	(⑦)	$-NO_2$	ニトロ化合物
		フェノール類	アミノ基	(⑧)	アミン
ホルミル基(アルデヒド基)	(③)	(④)	(⑨)	$-SO_3H$	スルホン酸
カルボニル基(ケトン基)	＞CO	(⑤)	エーテル結合	−O−	(⑩)
(⑥)	−COOH	カルボン酸	エステル結合	−COO−	(⑪)

□ **2** 有機化合物の特徴を，次の**ア**～**オ**からすべて選びなさい。

ア 共有結合による分子性物質で，融点・沸点が低い。

イ 生物体の生命活動によってつくられ，人工的にはつくられない。

ウ 水に溶けやすく，電解質で，反応速度は一般に大きい。

エ 分子を構成している原子の種類・数が同じでも，これらの結合のしかたが違い，性質の異なる化合物が存在する。

Check

2 有機物は生物だけがつくりうるとされていたが，1828年にウェーラー(ドイツ)が有機物である尿素を人工的に合成できることを示した。

オ　主な成分元素は炭素と水素で，可燃性のものが多い。

(　　　　　)

□ **3**　次の図の①～⑤に分類される炭化水素を，下の**ア～オ**からそれぞれ選びなさい。

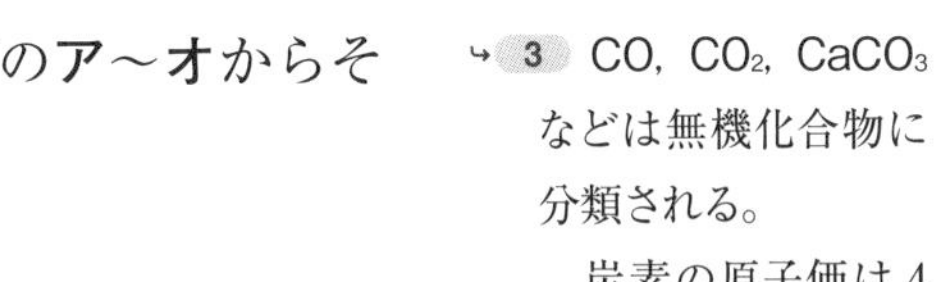

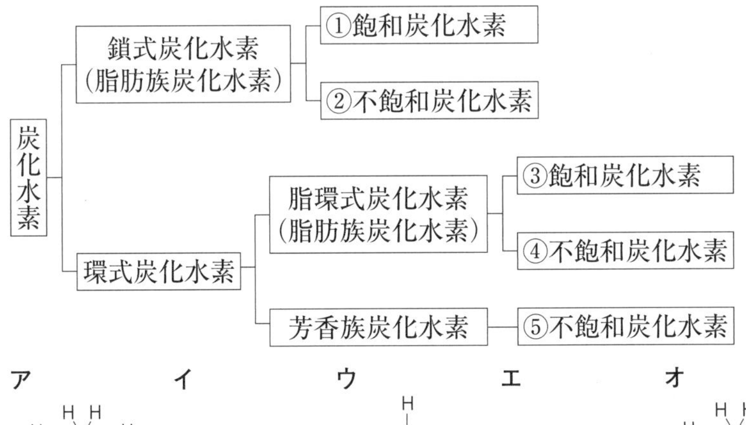

ア　シクロヘキサン

イ　プロペン（プロピレン）

ウ　ベンゼン

エ　プロパン

オ　シクロヘキセン

①(　　　)　②(　　　)　③(　　　)　④(　　　)　⑤(　　　)

↳ **3**　CO，CO_2，$CaCO_3$ などは無機化合物に分類される。
　炭素の原子価は4で，他の炭素や他の原子と多様に共有結合する。

確認

脂環式炭化水素

　炭素原子が環状（輪のよう）に結合した構造をもつ環式炭化水素のうち，芳香族炭化水素に属さないもの。

□ **4**　炭素，水素および酸素からなる化合物6.00 mgを完全燃焼させて，CO_2 8.80 mg，H_2O 3.60 mgを得た。また，この化合物の分子量を測定したところ，約60だった。この化合物の組成式，分子式を求めなさい。ただし，原子量は，C＝12，H＝1.0，O＝16とする。

組成式(　　　　　)　分子式(　　　　　)

↳ **4**　試料中のC，H，Oの質量を求める。次にC，H，Oの原子数の比を求める。

□ **5**　ある化合物を元素分析したところ，成分元素の質量の割合はC 64.9％，H 13.5％，O 21.6％だった。また，この化合物の気体の密度は，同温同圧の酸素の2.3倍だった。この化合物の分子式を求めなさい。ただし，原子量は，C＝12，H＝1.0，O＝16とする。

(　　　　　)

↳ **5**　気体の密度は分子量に比例するので，これより分子量を求める。

□ **6**　ある気体の炭化水素を完全燃焼させたとき生じる二酸化炭素と水の物質量比は1：1だった。また，この炭化水素の密度は，0℃，1.013×10^5 Paで1.88 g/Lだった。この炭化水素の分子式を求めなさい。

(　　　　　)

↳ **6**

$$C_nH_m+\frac{2n+\frac{m}{2}}{2}O_2 \longrightarrow nCO_2+\frac{m}{2}H_2O$$

20 炭化水素

解答▸別冊P.18

POINTS

1 **脂肪族炭化水素**……鎖式の有機化合物を「脂肪族」という。

2 **アルカン**……すべて単結合からなる鎖式飽和炭化水素。

一般式　C_nH_{2n+2}　例　メタン CH_4

同族体…アルカンのように，共通の一般式で表される一群の化合物のこと。

3 **アルキル基**……アルカンの分子から水素原子が1つとれた原子団。

例　メチル基 $-CH_3$，エチル基 $-C_2H_5$

4 **異性体**……同じ分子式で構造が異なる。

① **構造異性体**…分子の構造式が異なる。

② **立体異性体**…分子の立体構造が異なる。

例　**シス-トランス異性体**(幾何異性体)

鏡像異性体(光学異性体)

5 **アルカンの性質**……水より密度が小さく，水に溶けにくい。直鎖状の同族体では分子量が大きいほど沸点が高い。C_4H_{10} までは常温常圧で気体。光を当てると，塩素と置換反応を起こす。

6 **シクロアルカン**……炭素原子が環状に結合した構造をもつ飽和炭化水素。

7 **アルケン**……分子中に炭素原子間における二重結合を1個もつ鎖式不飽和炭化水素。

一般式　C_nH_{2n}

例　エテン(エチレン) C_2H_4

プロペン(プロピレン) C_3H_6

$n \geqq 4$ でシス-トランス異性体がある。

8 **アルケンの反応**……二重結合では反応性に富み，付加反応や付加重合を起こす。

9 **アルキン**……分子中に炭素原子間における三重結合を1個もつ鎖式不飽和炭化水素。

一般式　C_nH_{2n-2}　例　アセチレン C_2H_2

10 **アルキンの反応**……アセチレンの三重結合は反応性に富み，付加反応や付加重合を起こす。

□ **1** 次の図の□に構造式(示性式)，(　)に物質名，〔　〕に反応の種類を記入しなさい。

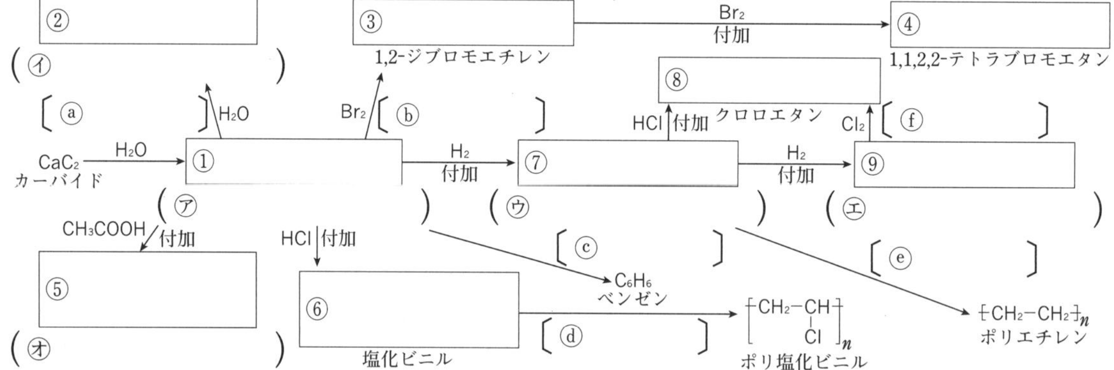

□ **2** 次の文の(　)に適当な語句を記入しなさい。

鎖式炭化水素にはいくつかの種類があり C_nH_{2n+2} の一般式で表されるものは(①　　　　)といわれ，最も簡単なものが(②　　　　)である。n が大きくなるにつれて融点・沸点が(③　　　　)くなる。$n \geqq 4$ では同じ分子式で表される化合物がいくつかある。このような関係にある化合物を互いに(④　　　　)という。

C_nH_{2n} の一般式で表されるものは(⑤　　　　)といわれ，最も簡単なものが

(⑥　　　　　　)である。これらの化合物には炭素原子間に(⑦　　　　)結合が1つあり，(⑧　　　　)反応を起こしやすい。

C_nH_{2n-2} の一般式で表され，炭素原子間に(⑨　　　　)結合が1つある化合物を(⑩　　　　　　)といい，最も簡単なものが(⑪　　　　　　　)で水銀塩を触媒として水を付加させると，(⑫　　　　　　　)が生じる。

□ **3** 次の問いに答えなさい。

(1) 次の化合物ア～エのうち，臭素水の赤褐色を脱色するものをすべて選びなさい。　(　　　　)

ア　CH_3CH_3　　イ　$CH_2=CH_2$

ウ　$CH\equiv CH$　　エ　$CH_3CH_2CH_3$

(2) 次の化合物にはそれぞれ何種類の構造異性体が存在しますか。

① C_5H_{12}　(　　　　)

② C_4H_9Cl　(　　　　)

③ $C_3H_6Cl_2$　(　　　　)

(3) プロパンを完全燃焼させたときの化学反応式を書きなさい。

(　　　　　　　　　　　　　　　　)

□ **4** 次の〔　〕の化合物について，あとの(1)～(4)にあてはまるものを選び，分子式で答えなさい。

〔メタン　　エタン　　エチレン
アセチレン　　プロペン(プロピレン)〕

(1) 分子の形が正四面体であるもの。　(　　　　)

(2) すべての原子が同一平面上にあるもの(ただし，直線形は除く)。　(　　　　)

(3) すべての原子が直線上にあるもの。　(　　　　)

(4) 2個の水素原子をメチル基で置き換えると，シス－トランス異性体が存在するもの。　(　　　　)

□ **5** あるアルカン1 molとプロペン(プロピレン)$\frac{1}{3}$ molとの混合気体がある。この混合気体を完全燃焼させるのに，酸素5 molが必要だった。この混合気体に含まれるアルカンはどれか，次のア～オから選びなさい。　(　　　　)

ア　CH_4　　イ　C_2H_6　　ウ　C_3H_8　　エ　C_4H_{10}　　オ　C_5H_{12}

Check

2 C_nH_{2n+2} は飽和炭化水素。
シクロアルカンも C_nH_{2n} で表されるが二重結合はない。

3 (1)不飽和結合の有無を考える。
(2)H－C(X)(H)－X とX－C(H)(H)－X は同一物質である。

4 (シス形)
$\mathrm{HXC=CXH}$（H同士が同じ側）と
(トランス形)
$\mathrm{HXC=CHX}$（H同士が反対側）は
シス－トランス異性体である。

確認 **シス－トランス異性体**
幾何異性体ともいう。

5 $C_nH_{2n+2}+\frac{3n+1}{2}O_2 \longrightarrow nCO_2+(n+1)H_2O$

21 アルコールと関連化合物 ①

解答▸別冊P.19

POINTS

1 アルコール(R−OH)

① 一般的に水溶液は中性。Naと反応してH_2が発生する。

② ヒドロキシ基−OHが結合している炭素原子に，ほかの炭素原子(炭化水素基)が何個結合しているかで第一級，第二級，第三級に分けられる。

③ 第一級アルコールを酸化するとアルデヒドになり，さらに酸化するとカルボン酸になる。第二級アルコールを酸化するとケトンになる。第三級アルコールは酸化されにくい。

2 エーテル(R−O−R′)……水にはあまり溶けない。$C_2H_5OC_2H_5$(ジエチルエーテル)は揮発性の液体で，麻酔作用がある。

3 アルデヒド(R−CHO)

① 刺激臭があり，水に溶けやすい。フェーリング液を還元し，銀鏡反応を示す。

② HCHO(ホルムアルデヒド)は気体。
CH_3CHO(アセトアルデヒド)は液体。

4 ケトン(R−CO−R′)

① CH_3COCH_3(アセトン)は水と任意の割合で混じり合い，有機化合物をよく溶かす。

② 酸化されにくく，還元性を示さない。

□ **1** 次の図の□に示性式，(　)に物質名，〔　〕に反応の種類を記入しなさい。

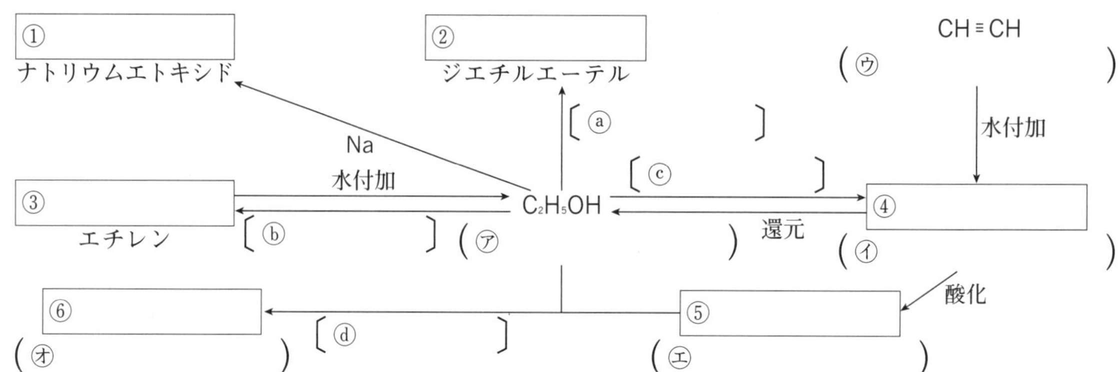

□ **2** 分子式がC_3H_8Oで示される有機化合物には，A，BおよびCの3つの構造異性体が存在する。A，Cにそれぞれ金属ナトリウムを加えると，反応して a気体を発生するが，Bは金属ナトリウムと反応しなかった。A，Cをそれぞれ酸化するとAからはD，CからはEが生成した。D，Eにそれぞれフェーリング液を加えて加熱すると，Eは b赤色の沈殿が生じ，Dは変化がなかった。次の問いに答えなさい。

(1) A～Eの構造を示性式で書きなさい。

A(　　　　)　B(　　　　)

C(　　　　)　D(　　　　)

E(　　　　)

Check

↳ **2** 金属ナトリウムと反応するのは−OHを有する物質。第一級アルコールを酸化すると還元性を示すアルデヒドになる。

確認

フェーリング液の還元

反応で生じる**赤色沈殿** Cu_2O の名称は，酸化銅(Ⅰ)。酸化数を記載するのを忘れないように。

(2) 下線部a，bの物質をそれぞれ化学式で書きなさい。

a（　　　　）　b（　　　　）

□ **3** ある鎖式飽和1価アルコールを完全燃焼させたとき，生成した二酸化炭素の質量は，同時に生成した水の質量の1.83倍だった。このアルコールの分子式を C_pH_qO で表すと，p，q はいくらになりますか。ただし，原子量は，C＝12，H＝1.0，O＝16とする。

p（　　　　）　q（　　　　）

□ **4** 次の化合物**ア**～**カ**のうち，ヨードホルム反応を示すものをすべて選びなさい。（　　　　　　）

ア $CH_3CH(OH)CH_3$　**イ** CH_3COCH_3

ウ $CH_3CH_2OCH_3$　**エ** $CH_3CH_2CH_2OH$

オ CH_3CH_2OH　**カ** CH_3OH

□ **5** 次の(1)～(5)にあてはまる物質を，下の**ア**～**キ**からすべて選びなさい。

(1) エタノールに濃硫酸を加えて約130℃に加熱すると生じる揮発性の液体。（　　　）

(2) 金属ナトリウムと反応して水素を発生する。（　　　）

(3) 刺激臭のある気体で，水溶液は銀鏡反応を示す。（　　　）

(4) 還元すると2−プロパノールを生じる。（　　　）

(5) ヨードホルム反応を示す。（　　　）

ア $HCHO$　**イ** $C_2H_5OC_2H_5$　**ウ** CH_3OH

エ CH_3COCH_3　**オ** CH_3COOH　**カ** $HCOOC_2H_5$

キ $CH_2=CH_2$

□ **6** 分子式が $C_4H_{10}O$ であるアルコールのうち，次の(1)～(4)にあてはまるものを示性式で書きなさい。

(1) 鏡像異性体が存在する。（　　　　　　　）

(2) 酸化するとケトンになる。（　　　　　　　）

(3) 薬品で酸化されにくい。（　　　　　　　）

(4) 酸化すると直鎖のアルデヒドになる。

（　　　　　　　）

↳ **3** ヒドロキシ基 −OH が1分子中に1個のものを1価アルコールという。
1 mol の C_pH_qO から CO_2 が p〔mol〕，H_2O が $\frac{q}{2}$〔mol〕生成する。

確認

ヨードホルム反応

CH_3CO-R をもつアルデヒドやケトン，$CH_3CH(OH)-R$ をもつアルコールにヨウ素と水酸化ナトリウムを反応させると，特有の臭気をもつヨードホルム CHI_3 の黄色沈殿が生じる。(Rは炭化水素基またはH)

↳ **5** (1)加熱する温度に注意。
(3)還元性あり。
(4)2−プロパノールを酸化すると何になるか。

確認

アルデヒド・ケトンの還元

アルデヒド，ケトンを還元(水素を作用)させると，それぞれ，**第一級アルコール，第二級アルコール**が生じる。

↳ **6** (1)不斉炭素原子を有する。
(2)第二級アルコール
(3)第三級アルコール
(4)直鎖の第一級アルコール

第1章 第2章 第3章 第4章 第5章

22 アルコールと関連化合物 ②

解答▸別冊P.20

POINTS

1 カルボン酸(R－COOH)

① **脂肪酸**…カルボキシ基－COOHが1個結合した鎖状のカルボン酸。飽和脂肪酸と不飽和脂肪酸がある。

▶低級脂肪酸は水に溶ける。

▶水溶液中でわずかに電離して，弱酸性。

▶アルデヒドを酸化すると得られる。

② **酸無水物**…カルボキシ基2個から，水1分子がとれた形の化合物。

③ **ヒドロキシ酸**…分子中にヒドロキシ基－OHとカルボキシ基－COOHの2種類の官能基をもつカルボン酸。

2 エステル(R－COO－R′)……カルボン酸からOH，アルコールからHがとれて水が生成する脱水縮合でできる化合物。

① **油脂**…高級脂肪酸とグリセリンからなるエステル。脂肪と脂肪油がある。

② **けん化**…塩基によるエステルの加水分解。

□ **1** 次の図の□に示性式，( )に物質名，〔 〕に反応の種類を記入しなさい。

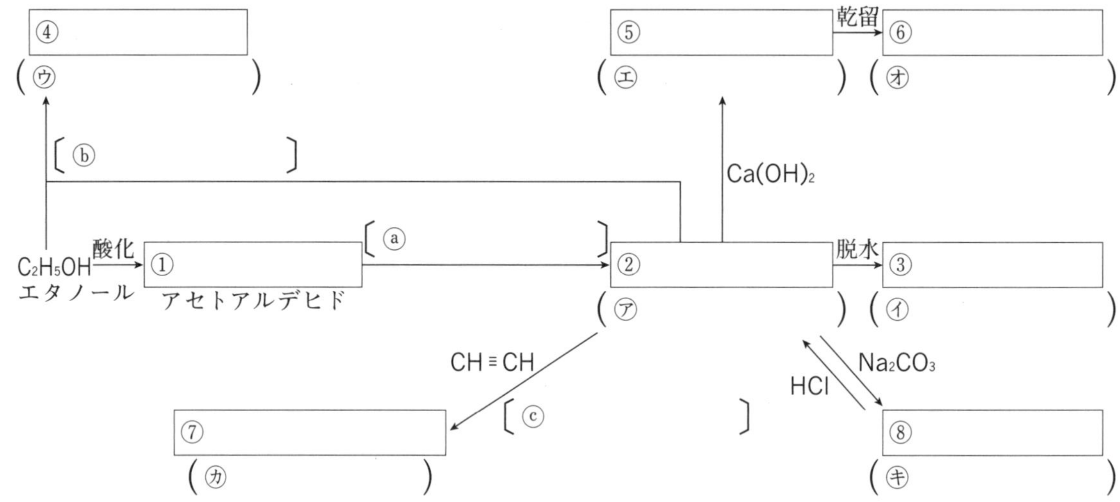

□ **2** 次の文の( )にあてはまる最も適当なものを，下の**ア**～**サ**から選びなさい。

油脂は(①)とグリセリンの(②)である。これに水酸化ナトリウム水溶液を作用させると(③)が起こり，(④)とグリセリンになる。(④)の水溶液は(⑤)を示す。

ア アルコール　**イ** 脂肪酸　**ウ** アルデヒド
エ エステル　**オ** 酸化　**カ** けん化
キ ケトン　**ク** セッケン　**ケ** 弱塩基性
コ 中性　**サ** 弱酸性

Check

↳ 2 セッケンは弱酸と強塩基からなる塩である。

□ **3** 次の文の①～⑤にあてはまる化合物を下の化合物群から選んでその示性式を書き，a～eには適当な語句を記入しなさい。

(1) (① 　　　　)と(② 　　　　)は1価の(a 　　　　)カルボン酸で，(①)をフェーリング液に加えて加熱すると赤色の(③ 　　　　)が沈殿する。これは，(①)には(b 　　　　)基が存在するためである。

(2) (④ 　　　　)と(⑤ 　　　　)は2価の(c 　　　　)カルボン酸で，これらは互いに(d 　　　　)異性体である。(④)を加熱すると脱水されて(e 　　　　)になるが，(⑤)ではこのような変化は起こらない。

〔化合物群〕 酢酸，マレイン酸，ギ酸，シュウ酸，酸化銅(Ⅰ)，フマル酸，酸化銅(Ⅱ)，アセトアルデヒド

↳ **3** (2)簡単に脱水されるのはシス形。

確認

$C_4H_4O_4$の幾何異性体

シス形がマレイン酸，トランス形がフマル酸である。

シス形は，カルボキシ基が近くにあるので脱水されやすい。

□ **4** ある1価の飽和脂肪酸0.44gを中和するのに0.10mol/Lの水酸化ナトリウム水溶液50mLを必要とした。この脂肪酸の分子量を求めなさい。

(　　　　)

↳ **4** 脂肪酸のモル質量をM〔g/mol〕とすると，

$$\frac{0.44}{M}=0.10\times\frac{50}{1000}$$

□ **5** ある油脂1.0gをけん化するのに水酸化カリウム190mgが必要だった。この油脂の分子量を求めなさい。ただし，原子量は，K=39，H=1.0，O=16とする。

(　　　　)

↳ **5** 油脂1molをけん化するのにKOHは3mol必要。

□ **6** 分子式が$C_4H_8O_2$のエステルAを加水分解すると，水溶液が酸性を示す化合物Bと中性を示す化合物Cが得られた。Bにフェーリング液を加えて加熱すると赤色の沈殿が生じた。一方，Cに金属ナトリウムを加えると水素が発生した。また，Cはヨードホルム反応を示した。Cを酸化するとDが生じたが，Dは銀鏡反応を示さなかった。次の問いに答えなさい。

(1) 分子式$C_4H_8O_2$のエステルの異性体は何種類ありますか。

(　　　　)

(2) 化合物A～Dを示性式で書きなさい。

A(　　　　) B(　　　　)

C(　　　　) D(　　　　)

↳ **6** エステルを加水分解するとカルボン酸とアルコールが生じる。

第1章 第2章 第3章 第4章 第5章

23 芳香族化合物 ①

解答▸別冊P.22

POINTS

1 芳香族炭化水素

① **ベンゼン環**を分子中にもつ炭化水素。
② 水に溶けにくく，有機溶媒に溶けやすい。
③ ベンゼン環は不飽和結合をもつが，付加反応よりもハロゲン化・ニトロ化・スルホン化などの置換反応が起こりやすい。

2 フェノール類

① ベンゼン環の水素原子をヒドロキシ基 −OH で置換した形の化合物。
② 水溶液中でわずかに電離して弱酸性。
③ 酸無水物と反応してエステルを生成。
④ 塩化鉄(Ⅲ)水溶液で呈色反応。

□ **1** 次の図の□に構造式，(　)に物質名，〔　〕に反応の種類を記入しなさい。

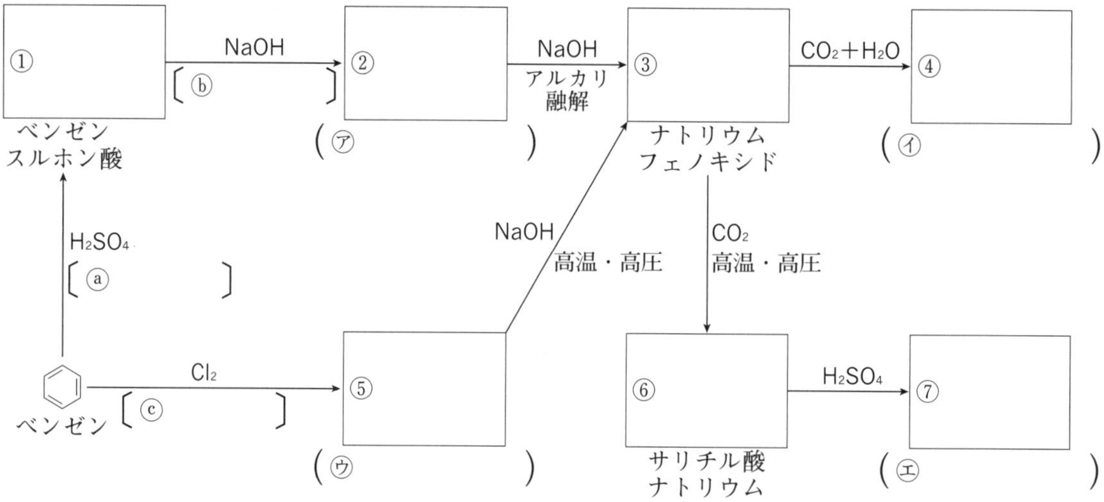

□ **2** 次の事項のうち，フェノールのみに関することはA，エタノールのみに関することはB，フェノールとエタノールの両方に関することはCをそれぞれ記入しなさい。

(1) 水とはどんな割合にでも溶け合う。 (　　)
(2) 水溶液は弱酸性を示す。 (　　)
(3) ヒドロキシ基が直接炭素原子と結合している。 (　　)
(4) 塩化鉄(Ⅲ)水溶液を加えると青紫色を呈する。 (　　)
(5) 水酸化ナトリウムと反応して塩をつくる。 (　　)
(6) 酸化するとアルデヒドを生成する。 (　　)
(7) 濃硫酸を触媒として無水酢酸を作用させると，エステルを生じる。 (　　)
(8) ヨウ素と水酸化ナトリウム水溶液を加えてあたためると，特有の臭気をもつ黄色の沈殿を生じる。 (　　)

Check

2 (1)フェノールは水に少ししか溶けない。
(4)呈色反応。
(5)中和反応。
(8)ヨードホルム反応。

□ **3** 次の芳香族化合物にはそれぞれ何種類の異性体が存在しますか。

(1) C_8H_{10} (　　　　　)　(2) C_7H_8O (　　　　　)

↳ **3** 一置換体と二置換体に分けて考える。

□ **4** 次の反応経路のA～Dには構造式を，また，下の文の(　)には適当な語句を記入しなさい。

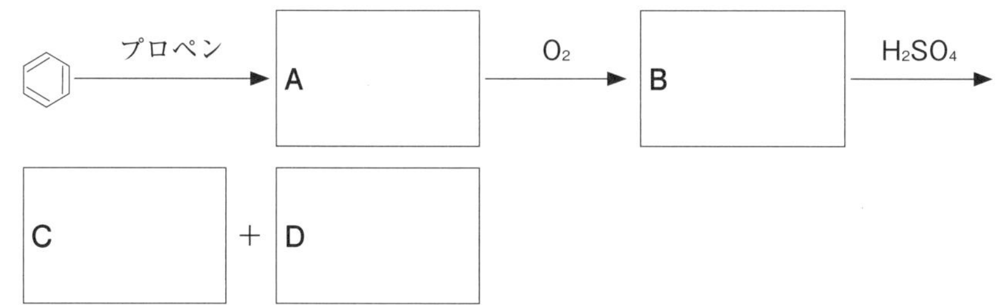

化合物Aの生成反応は，プロペンにベンゼンが(①　　　　　)する反応である。この反応は，(②　　　　　)炭化水素の特徴的な反応である。

↳ **4** クメン法によるフェノールの製法。
　プロペンの示性式は $CH_2=CHCH_3$ で二重結合がある。

□ **5** 次の図の□に構造式，(　)に物質名，〔　〕に反応の種類を記入しなさい。

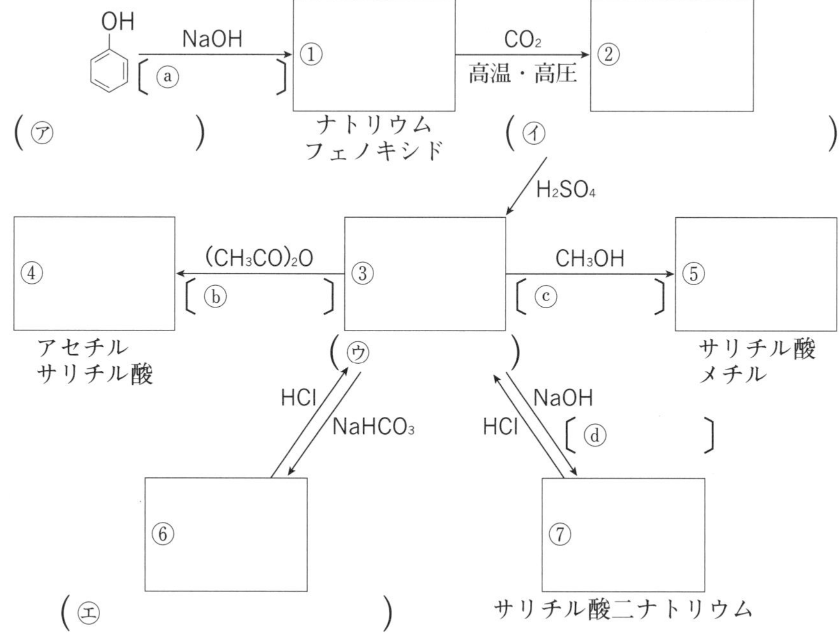

↳ **5** ③→④，③→⑤
サリチル酸は－OH，－COOHを有し，カルボン酸ともアルコールとも反応する。
③→⑥酸の強さはカルボン酸＞炭酸＞フェノール

確認

サリチル酸誘導体の医薬品

アセチルサリチル酸：解熱鎮痛剤(内服薬)。

サリチル酸メチル：消炎鎮痛剤(外用薬(塗布薬))

□ **6** ベンゼン100gをニトロ化して120gのニトロベンゼンが得られた。このときの収率は何%ですか。ただし，原子量は，C＝12，H＝1.0，O＝16，N＝14とする。

(　　　　　)

↳ **6** ベンゼン(C_6H_6) 1molからニトロベンゼン($C_6H_5NO_2$)が1mol生成する。

24 芳香族化合物 ②

解答▸別冊P.23

POINTS

1 芳香族アミン

① **アミン**…アンモニアの水素原子を炭化水素基で置換した形の化合物。

② **アニリン**($C_6H_5NH_2$)

▶ニトロベンゼンを還元すると生成。

▶無色油状の物質で，水に溶けにくい。

▶アミノ基$-NH_2$をもち，弱塩基性。

▶酸の水溶液には塩をつくってよく溶ける。

▶さらし粉水溶液で赤紫色に呈色。

▶無水酢酸でアセチル化される。

2 アゾ化合物

① **ジアゾ化**…$-N^+{\equiv}N$の構造をもつジアゾニウム塩の生成反応。

② **カップリング**…芳香族ジアゾニウム塩と他の芳香族化合物からアゾ基 $-N{=}N-$をもつ化合物が生じる反応。

□ **1** 次の図の□に構造式，(　)に物質名，〔　〕に反応の種類を記入しなさい。

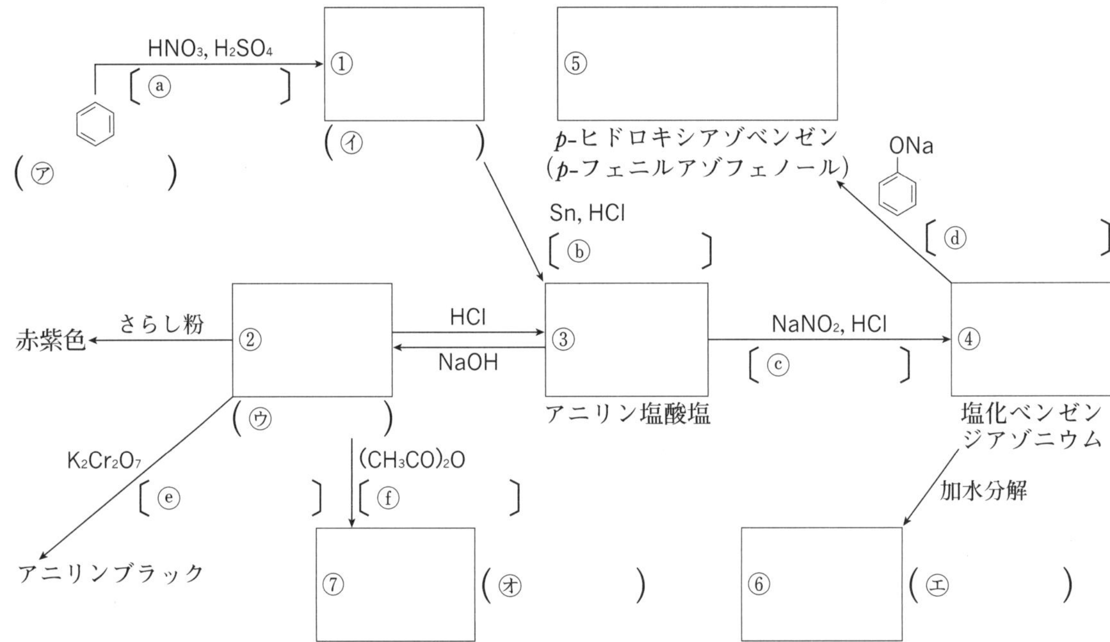

□ **2** ベンゼンのH原子1個を次の原子団で置換した化合物名を記し，その化合物に関連する事項をあとの**ア**～**カ**から選びなさい。

(1)　$-OH$　(　　　　)　(　　)

(2)　$-NO_2$　(　　　　)　(　　)

(3)　$-NH_2$　(　　　　)　(　　)

(4)　$-SO_3H$　(　　　　)　(　　)

(5)　$-COOH$　(　　　　)　(　　)

(6)　$-CH_3$　(　　　　)　(　　)

Check

↳ **2** (5)ベンゼン環の側鎖の炭化水素基は酸化されてカルボキシ基に変わる。

(6)TNTは火薬に用いられる。

ア　ニトロ化すると，強力な火薬に用いられる物質を生成する。
イ　ベンゼンに濃硝酸と濃硫酸を作用させると生成する。
ウ　塩化鉄(Ⅲ)水溶液で青紫色に呈色する。
エ　さらし粉水溶液で赤紫色に呈色する。
オ　ベンゼンに濃硫酸を作用させると生成し，強酸である。
カ　トルエンなどの酸化により生成する。

確認
芳香族化合物の火薬
トリニトロトルエン，ピクリン酸(トリニトロフェノール)。いずれも**黄色粉末**で，**強力な火薬**。

□ **3**　次の文の(　)に語句を，〔　〕に構造式を記入しなさい。

アニリンはベンゼン環に(①　　　　)基のついた化合物で，〔②　　　　〕を還元してつくられる。塩酸には〔③　　　　〕を生じて溶け，無水酢酸とは(④　　　　)結合をもつ〔⑤　　　　〕をつくる。

アニリンを塩酸に溶かし，氷で冷やしながら亜硝酸ナトリウム水溶液を加えると，〔⑥　　　　〕が生じる。この反応を(⑦　　　　)という。〔 ⑥ 〕の水溶液にナトリウムフェノキシドの水溶液を加えると，橙赤色(とうせき)の〔⑧　　　　〕が生じる。この反応を(⑨　　　　)という。〔 ⑧ 〕には(⑩　　　　)基があり，(⑪　　　　)とよばれる。芳香族の(⑪)は一般に黄色ないし赤色で(⑫　　　　)として用いられるものが多い。中和滴定の指示薬として用いられるメチルオレンジも(⑫)の一種である。

3　$-N^{+}\equiv N$ の構造をもつジアゾニウム塩の生成が**ジアゾ化**。一般に，芳香族ジアゾニウム塩と他の芳香族化合物から $-N=N-$ をもつ化合物が生じる反応が**カップリング**(**ジアゾカップリング**)。

□ **4**　4種類の有機化合物，アニリン，安息香酸，フェノールおよびベンゼンを含むジエチルエーテル溶液**A**がある。(1)・(2)の(　)にあてはまる最も適当なものを，あとの**ア**～**キ**からそれぞれ選びなさい。

(1)　溶液**A**に水酸化ナトリウム水溶液を加えてふり混ぜると，(　　　)は水酸化ナトリウム水溶液中に分けとられる。
(2)　溶液**A**に塩酸を加えてふり混ぜると，(　　　)は塩酸中に分けとられる。

ア　アニリン　　**イ**　安息香酸　　**ウ**　フェノール
エ　ベンゼン　　**オ**　アニリンと安息香酸
カ　アニリンとフェノール　　**キ**　安息香酸とフェノール

4　塩基は酸の水溶液に，酸は塩基の水溶液にそれぞれ塩をつくって溶ける。

確認
酸性物質の分離
炭酸イオンが存在する塩基性水溶液中では，**安息香酸は水に溶けるが，フェノールは溶けない**。両者の分離に利用する。

25 有機化合物と人間生活

解答▸別冊P.24

POINTS

1 医薬品……病気の治療，予防に使う物質。

① **対症療法薬**…痛み，発熱などの病気の症状を緩和するための薬。
例 アセチルサリチル酸

② **化学療法薬**…感染症などの治療に用いる化学物質。例 抗生物質，サルファ剤

③ **抗生物質**…微生物がつくる化学物質で，他の微生物の増殖を妨げる物質。
例 ペニシリン，ストレプトマイシン

④ **サルファ剤**…スルファニルアミド骨格をもつ，化学合成の抗菌薬。例 プロントジル

⑤ **消毒薬**…病原菌等の殺菌作用を示す物質。

⑥ **耐性菌**…突然変異などにより，抗生物質に対する抵抗力をもった病原菌。

⑦ **副作用**…期待した作用と異なった作用。

2 染料……溶媒に溶け，繊維の染色などに用いられる色素。

① **顔料**…水にも有機溶媒にも溶けない色素。

② **天然色素**…動植物由来の色素，カルミン酸，インジゴ(アイ)，アリザリン(アカネ)など。

③ **合成色素**…化学合成された色素でアゾ色素が代表的。例 コンゴーレッド，スダンI

▶**直接染料**…染料のアミノ基と繊維のヒドロキシ基の水素結合によって染着。

▶**酸性，塩基性染料**…イオン結合で染着。

▶**媒染染料**…金属塩(媒染剤)を利用して染着。

▶**分散染料**…界面活性剤を利用して染着。

□ **1** 次の表の①～⑧に適当な語句や化学式を記入しなさい。

分類	医薬品の名称	化学式	特徴・はたらき方	用途
対症療法薬	アセチルサリチル酸(アスピリン)	(①)	痛みの増幅，発熱を促進する物質を合成する酵素のはたらきを阻害し，その症状を緩和する。	(②)薬
	(③)	$C_6H_4(COOCH_3)OH$	痛みの増幅，炎症を起こす物質を合成する酵素のはたらきを阻害する。	消炎鎮痛薬
	ニトログリセリン	$C_3H_5(ONO_2)_3$	体内で NO が生じ，血管の筋肉にはたらきかけて，血管を拡張させる	(④)症発作の緩和
化学療法薬	(⑤)	R−C(=O)−NH−CH−CH−S−C(CH₃)₂ / C(=O)−N−CH−C(=O)−OH (β-ラクタム環構造式)	青カビの分泌物から発見された。病原菌の増殖を阻害する。	病原菌の増殖抑制
	サルファ剤	$H_2N-C_6H_4-SO_2NH-R$	病原菌の(⑥)を阻害する。	病原菌の増殖抑制
消毒液	エタノール	(⑦)	細菌内に浸透し，タンパク質を変性させて殺菌する。	病原菌の殺菌・滅菌
	過酸化水素	(⑧)	細菌を構成している物質を酸化させて殺菌する。	病原菌の殺菌・滅菌

□ **2** 次の文の(　)に適当な語句を記入し，あとの問いに答えなさい。

病気の治療に使われる医薬品は２つに大別される。１つは病気の原因となる病原菌などを死滅させる(①　　　　　　)で，葉酸の合成を妨げDNAの合成を阻害して抗菌作用を示すサルファ剤と，微生物の発育や機能を妨げる(②　　　　　　)が含まれる。

もう１つは，痛み・発熱などの病気の症状を緩和する(③　　　　　　)である。(②)物質は，細菌などに対して特効性があるが，多用していると医薬品に対して抵抗力をもった(④　　　　　　)が出現することがある。また，薬を過剰に使用したときなど，期待した効果と異なった作用が現れることもある。

(1) 次の医薬品は，文中の①～③のどれに分類されますか。

(a) アセチルサリチル酸　　(b) ストレプトマイシン

(c) インドメタシン　　(d) ニトログリセリン

(e) クロラムフェニコール

(a)(　　) (b)(　　) (c)(　　) (d)(　　) (e)(　　)

(2) 下線部を表す用語を答えなさい。 (　　　　　　)

Check

2 抗生物質に対する抵抗力をもった菌が耐性菌。
(1)インドメタシンは消炎鎮痛剤。

□ **3** 次の表の①～⑪に適当な語句を記入しなさい。

染料	特徴	染色に適した繊維	主な色素
(①　　　　)染料	水溶性，染料分子中のアミノ基と繊維のセルロース分子中のヒドロキシ基との水素結合で染着。	綿，レーヨン	チアゾール
(②　　　　)染料 (③　　　　)染料	染料分子のカルボキシ基(−COOH)や，アミノ基($-NH_2$)が繊維分子とイオン結合して染着。	(④　　　　)， (⑤　　　　)， ナイロン	オレンジⅡ， モーブ
(⑥　　　　)染料	水に不溶。還元剤で還元して(建てて)水溶性にし，繊維に染(し)みこませた後，(⑦　　　)して元の染料の色を発色。	(⑧　　　　)， レーヨン	(⑨　　　)
媒染染料	染色時に(⑩　　　　)の水酸化物や酸化物を利用して染着。(⑩)の種類で色調が変わる。	綿，絹，羊毛など	アリザリン， カルミン酸
分散染料	水に不溶。(⑪　　　　)剤で水に微粒子状に分散させて染着。	合成繊維	カヤロンポリエステル

□ **4** 次の**ア**～**オ**のうち，染料および染色の記述として正しいものをすべて選びなさい。

ア 天然染料は，動物からは得られず，主に植物から得られる。

イ アイの葉からは青色染料のアリザリンが得られる。

ウ アゾ染料は古くから知られている天然染料である。

エ 金属塩などの薬品を用いて繊維を染色する方法がある。

オ 建染(たてぞ)め染料は，その水溶液を繊維に染みこませるだけで染色できる。 (　　　　　　)

4 カルミン酸は昆虫由来の色素。
アイの葉から得られるのはインジゴ。

第1章 第2章 第3章 第4章 第5章

26 天然高分子化合物 ①

解答▸別冊P.25

POINTS

1 糖類 $C_m(H_2O)_n$ $(m \geqq 3)$

① **単糖類(単糖)** $C_6H_{12}O_6$, $C_5H_{10}O_5$ など…還元性を示す。加水分解されない。グルコース，フルクトース，ガラクトースなど。

② **二糖類(二糖)** $C_{12}H_{22}O_{11}$…加水分解されて単糖になる。マルトース，スクロース，ラクトースなど。

③ **多糖類(多糖)** $(C_6H_{10}O_5)_n$…還元性を示さない。各種酵素により加水分解される。デンプン，セルロース，グリコーゲンなど。

※糖の還元性の確認に使われる化学反応：
銀鏡反応，フェーリング液の還元

□ **1** 糖に関する次の表の①～⑦にあてはまる最も適当なものを下の**ア**～**キ**から選びなさい。ただし，[　]には化学式，(　)には語句が入る。

単糖類[①　　]		二糖類[②　　]		多糖類[③　　]	
(④　　)	(⑤　　)	ショ糖	麦芽糖	デンプン	セルロース
グルコース	フルクトース	(⑥　　)	(⑦　　)		

ア $(C_6H_{10}O_5)_n$　**イ** $C_{12}H_{22}O_{11}$　**ウ** $C_6H_{12}O_6$
エ スクロース　**オ** 果糖　**カ** ブドウ糖　**キ** マルトース

□ **2** グルコース，フルクトースの各構造について，適する構造式を書きなさい。

α-グルコース(環状構造)　グルコース(鎖状構造)　β-グルコース(環状構造)
β-フルクトース(六員環構造)　フルクトース(鎖状構造)　β-フルクトース(五員環構造)

□ **3** グルコース水溶液を試験管にとり，次の操作でグルコースの還元性を調べる実験を行った。あとの問いに答えなさい。

〔実験A〕アンモニア性硝酸銀水溶液を加えて加熱した。

〔実験B〕フェーリング液を加えて加熱した。

(1) 実験A，Bではそれぞれ試験管にどんな変化が観察されますか。

A (　　　　　　　　　　)

B (　　　　　　　　　　)

Check
↳ **3** フェーリング液の還元が起こると赤色の Cu_2O 沈殿が生じる。

(2) 実験A，Bの反応の名称をそれぞれ答えなさい。

A（　　　　　　　　　　　　）B（　　　　　　　　　　　　）

(3) グルコースの還元性を説明する次の文の（　）に適当な語句を記入しなさい。

グルコースは平衡状態における（①　　　）構造をとるとき，分子内に（②　　　　　　）基ができるため，還元性を示す。

(4) (3)の還元性を示す原因となる官能基の構造を次のア～エから選びなさい。（　　　）

ア　—O—H　　イ　—CH₂—O—H　　ウ　—C(=O)—H　　エ　—C(=O)—O—H

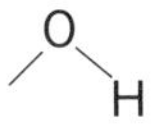

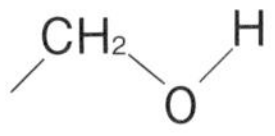

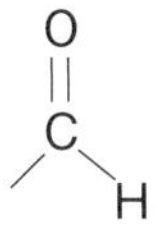

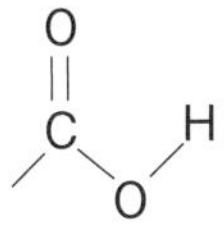

□ **4** 次の文の（　）に適当な語句を記入し，あとの問いに答えなさい。

α－グルコース２分子に加水分解できる二糖類がマルトースである。マルトースはグルコース２分子が（①　　　　　　）結合により結合し，その水溶液は還元性を（②　　　　）。我々が食する砂糖の主成分は，二糖類のスクロースである。これを希硫酸や酵素で加水分解すると，（③　　　　　　　）と（④　　　　　　　）の等量混合物が得られる。この等量混合物を（⑤　　　　　）という。

(1) 下線部の酵素の名称を答えなさい。（　　　　　　　　）

(2) 下線部の反応を化学反応式で表しなさい。

（　　　　　　　　　　　　　　　　　　　　　　）

□ **5** 次の文の（　）に適当な語句を記入し，あとの問いに答えなさい。

多数のα－グルコースが縮合した多糖類をデンプンという。デンプンはα－グルコースが直鎖状に結合した，水溶性の（①　　　　　　）と，分岐構造をもち水に溶けにくい（②　　　　　　）とが含まれている。一方，セルロースは（③　　　　　　）が直鎖状に結合した分子構造であり，植物の細胞壁の主成分でもある。

(1) 次の図は，デンプンの分解を示している。④に適する酵素の名称，⑤に適する構造式を書きなさい。

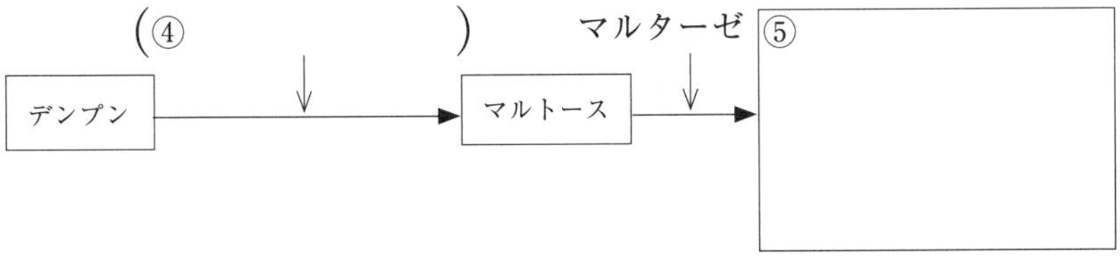

デンプン —（④　　　　　　）→ マルトース —マルターゼ→ ⑤［　　　　］

(2) 上の文中の下線部は$[C_6H_7O_2(OH)_3]_n$とも表す。⑥トリニトロセルロースと⑦トリアセチルセルロースを合成するときの化学反応式をそれぞれ書きなさい。

⑥（　　　　　　　　　　　　　　　　　　　　　）

⑦（　　　　　　　　　　　　　　　　　　　　　）

5 ・**トリニトロセルロース**…濃硝酸と濃硫酸を加えエステル化を起こす。
・**トリアセチルセルロース**…無水酢酸を加えアセチル化を起こす。
ともに，３つのヒドロキシ基が反応する。

第1章 第2章 第3章 第4章 第5章

27 天然高分子化合物 ②

解答▸別冊P.26

POINTS

1 **α−アミノ酸**(R−CH(NH_2)−COOH)……同一炭素原子にアミノ基とカルボキシ基が結合した分子。酸・塩基のどちらとも反応する**両性電解質**である。グリシン以外は不斉炭素原子をもつので，**鏡像異性体**(光学異性体)が存在する。

等電点とは，アミノ酸水溶液の電荷が，全体として0になるときのpHのこと。

2 **タンパク質の検出反応**……ビウレット反応，ニンヒドリン反応，キサントプロテイン反応

① **硫黄の検出**…水酸化ナトリウム水溶液を加えて加熱し，酢酸鉛(Ⅱ)水溶液を加えると，PbSが沈殿(黒色)。

② **窒素の検出**…水酸化ナトリウム水溶液を加えて加熱すると，タンパク質が分解してアンモニアの気体が発生。

□ **1** 次の図の□に適当な構造式を，(　)に適当な語句を記入しなさい。

(1) アミノ酸の構造式…フェニルアラニン

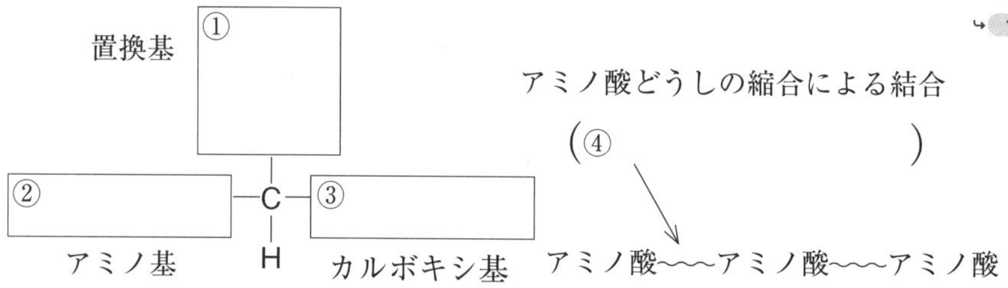

置換基 ①

② −C− ③

アミノ基　H　カルボキシ基

アミノ酸どうしの縮合による結合

(④　　　　　　)

アミノ酸〜〜アミノ酸〜〜アミノ酸

(2) 水溶液の性質とアミノ酸

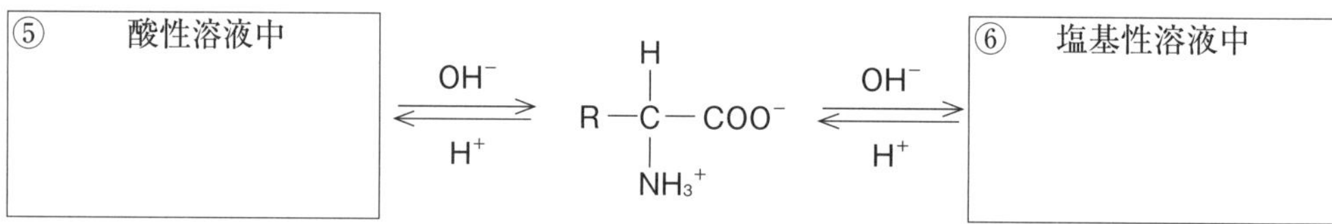

Check

↳ 1 アミノ基とカルボキシ基の縮合で，−NHCO−結合が生じる。

□ **2** フェニルアラニン(等電点5.5)をpH 7.0の水溶液に浸したろ紙に滴下し，ある時間電気泳動を行った。フェニルアラニンは**ア**〜**ウ**のどの場所へ移動するか答えなさい。　(　　　)

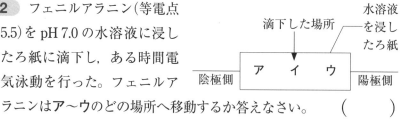

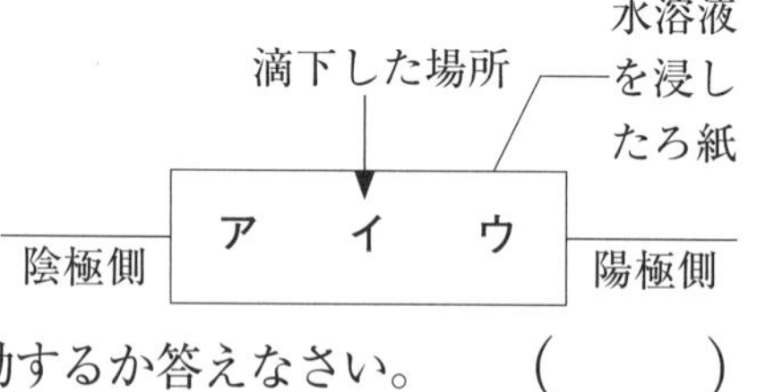

↳ 2 **等電点**…分子全体の電荷の平均が0になるpHのこと。

□ **3** 次の(1)〜(6)の特徴をもつアミノ酸を，それぞれあとの**ア**〜**ク**からすべて選びなさい。

(1) 鏡像異性体をもたないもの
(　　　　　　)

(2) 硫黄原子を含むもの
(　　　　　　)

(3) ベンゼン環を含むもの
(　　　　　　)

(4) 等電点のpHが最大のもの
(　　　　　　)

↳ 3 等電点が大きいのは，置換基にアミノ基をもつもの。

(5) 等電点の pH が最小のもの　(6) ヒトの必須アミノ酸

(　　　　)　(　　　　)

ア グリシン　**イ** アラニン　**ウ** フェニルアラニン

エ チロシン　**オ** システイン　**カ** グルタミン酸

キ メチオニン　**ク** リシン

□ **4** 次の文の(　)に適当な語句を記入しなさい。

タンパク質は多数のアミノ酸が縮合したポリペプチド構造をもつ高分子化合物である。特に注目すべき点は，高次の立体構造をとることである。

ポリペプチド鎖のアミノ酸の配列順序を(①　　　　)という。そのポリペプチド鎖は，(②　　　　)(らせん状構造)や，(③　　　　)(ひだ状構造)などの立体構造をとる場合がある。このような構造を(④　　　　)といい，ペプチド結合の－NH－の水素原子と－CO－の酸素原子との間で(⑤　　　　)でつながることにより形成される。さらに，ポリペプチドの置換基どうしの間において，－S－S－などの(⑥　　　　)結合や，$-NH_3^+$と，$-COO^-$間のクーロン力などのさまざまな力が関与して安定化される立体構造を三次構造とよんでいる。タンパク質の(⑦　　　　)は，これらの高次構造が不可逆的に変化するために起こる。

□ **5** タンパク質の特徴について，次の問いに答えなさい。

(1) アミノ酸以外に糖類，リン酸，脂質，色素，核酸などを分子内に含んでいるタンパク質を何と呼びますか。

(　　　　)

(2) タンパク質水溶液に対して以下の操作を行ったところ，それぞれ呈色反応を示した。各反応の名称を答えなさい。

① ニンヒドリン水溶液を加えてゆっくりと加熱すると，青紫色に変化した。(　　　　)

② 濃硝酸を加えて穏やかに加熱すると，水溶液が黄色に変化した。その後，アンモニア水を加えると橙(とうこう)黄色に変化した。

(　　　　)

③ 水酸化ナトリウム水溶液を加えた後，硫酸銅(Ⅱ)水溶液を加えると水溶液が赤紫色に変化した。

(　　　　)

(3) タンパク質の水溶液に水酸化ナトリウム水溶液を加えて加熱した後，酢酸鉛(Ⅱ)水溶液を加えると黒色沈殿が生じた。このタンパク質に含まれていると考えられるアミノ酸を2つ答えなさい。(　　　　)(　　　　)

↳ **5** (2)ニンヒドリンはタンパク質の遊離アミノ酸と反応して呈色する。
(3)反応で生じる黒色沈殿は PbS である。

28 天然高分子化合物 ③

解答▸別冊P.27

POINTS

1 酵素……タンパク質でできている，生体反応の触媒。酵素が最もよくはたらく**最適温度**，**最適 pH** がある。それぞれの酵素は，特定の**基質**にしか作用しないという**基質特異性**をもつ。

加熱や pH 変化，有機化合物の添加等により酵素は**失活**する。

2 核酸……**リン酸**，**糖**，**塩基**からなる化合物。遺伝情報を塩基として記憶させる。DNA(デオキシリボ核酸)と RNA(リボ核酸)がある。それぞれの糖は **DNA はデオキシリボース**，**RNA はリボース**である。DNA は塩基対どうしの水素結合により，二重らせん構造を形成している。

□ **1** 次の図は酵素反応の仕組みの模式図である。P が生成物であるとすると，図の S，E，E+S がそれぞれ何を示しているか答えなさい。

↳ **1** E はリサイクルされ何度でも化学反応に用いられる。

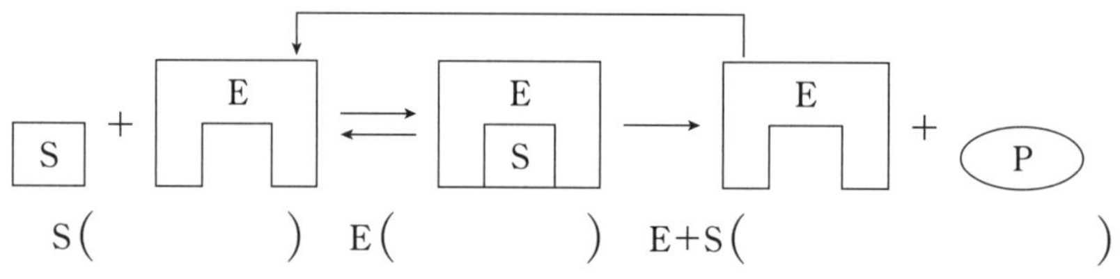

S(　　　　) E(　　　　) E+S(　　　　)

□ **2** デンプン水溶液に<u>酵素</u>を加え，温度を 40℃に保ってデンプンの分解実験を行った。次の問いに答えなさい。

↳ **2** (5)加熱しても失活しないので，タンパク質ではない。

(1) 下線部の酵素の名称を次の**ア**～**ウ**から選びなさい。(　　　)

ア アミラーゼ　**イ** ペプシン　**ウ** トリプシン

(2) デンプンは(1)の酵素によって何に分解されますか。

(　　　　)

(3) 酵素を 60 ℃に一度加熱してから同様の実験を行ったところ，デンプンはほとんど分解されなかった。理由を説明しなさい。

(　　　　　　　　)

(4) 右のグラフの実線は，実験に用いた酵素の反応速度と温度，pH の関係を表している。酵素には反応速度が最大になる固有の①<u>温度</u>，②<u>pH</u> の値が決まっている。それぞれ一般に何とよびますか。　①(　　　　)　②(　　　　)

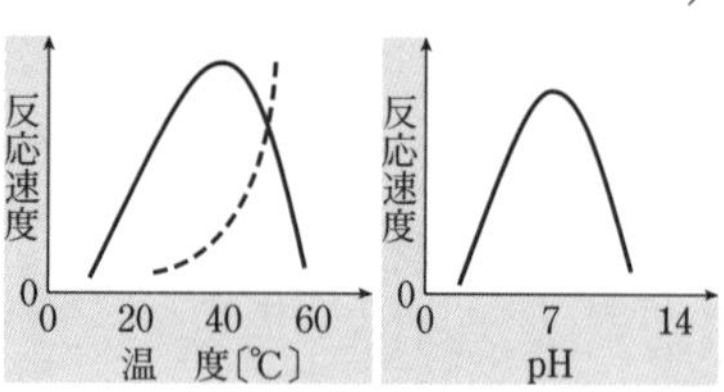

(5) グラフの点線は，酵素の代わりとして同様の役割を果たす物質を用いた場合の反応速度を表す。どのような物質を用いた場

合ですか。

(　　　　　　　　　　　　　　　　　　　　　　　　)

(6) デンプン水溶液に(1)以外の酵素を加えても，デンプンは分解されない。このように分解される物質が定まっている性質を何とよびますか。 (　　　　　　　　)

□ **3** 下の図は，ある核酸の一部の構造を示したものである。次の問いに答えなさい。

↳ **3** (4)塩基の組み合わせ　A↔T，G↔C

(1) 図中の①(実線)，②(点線)で囲んだ領域をそれぞれ何とよぶか，適当な語句を記入しなさい。 (①　　　　　　　　　)

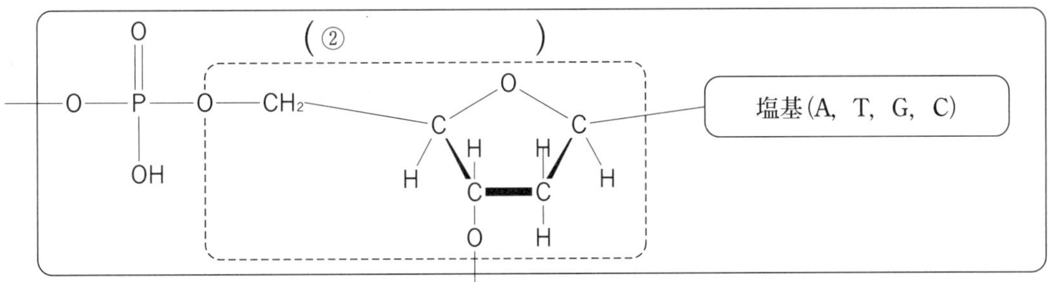

(2) 核酸を構成する元素の種類をすべて元素記号で書きなさい。

(　　　　　　　　　　　　　)

(3) 図中のA，T，G，Cは含まれる塩基の略称である。それぞれの名称を答えなさい。 A(　　　　　) T(　　　　　)

G(　　　　　) C(　　　　　)

(4) あるDNAを構成する塩基の割合を調べたところ，Aが36％であった。T，G，Cのそれぞれの割合を計算しなさい。

T(　　　　) G(　　　　) C(　　　　)

□ **4** 次の文の(　)に適当な語句や数字を記入しなさい。

DNAはリン酸，デオキシリボース(糖)と4種類の塩基からなるポリヌクレオチドである。ヌクレオチド鎖の対応する塩基対が(①　　　　)結合により相補的に結びつくため，(②　　　)本のヌクレオチド鎖が絡み合うような(③　　　　　　)構造を形成している。転写時には，DNAは(①)結合がほどけた1本鎖状態になり，遺伝情報をRNAに伝える。DNAの塩基はRNAの塩基と1つだけ異なり，(④　　　　　　)が(⑤　　　　　　)に置き換わっている。細胞内ではこの塩基配列にもとづいて，(⑥　　　　　　)の合成が行われる。

29 合成高分子化合物 ①

解答▸別冊P.28

POINTS

1 単量体(モノマー)・重合体(ポリマー)

高分子化合物の構成単位である小さな分子を**単量体**といい，単量体を重合させたものを**重合体**という。また，重合体を構成する繰り返し単位の数を**重合度**という。

2 重合の種類

① **付加重合**…不飽和結合をもつ1種類の単量体による重合。

② **共重合**…2種類以上の単量体による重合。

③ **開環重合**…環状の単量体が環を開きながら起こる重合。

④ **縮合重合**…単量体から水などの簡単な分子が脱離して起こる重合。

⑤ **付加縮合**…付加反応と縮合反応を繰り返しながら起こる重合。

3 合成高分子化合物の種類

① **合成繊維**…ナイロン6，ポリエステル，アクリル，ビニロンなど。

② **合成樹脂**…ポリエチレン，ポリ塩化ビニル，フェノール樹脂，尿素樹脂など。

③ **合成ゴム**…ブタジエンゴム，クロロプレンゴム，シリコーンゴムなど。

□ **1** 次の図の①～③に重合の種類，④～⑥に構造式，⑦～⑨に物質名を記入しなさい。

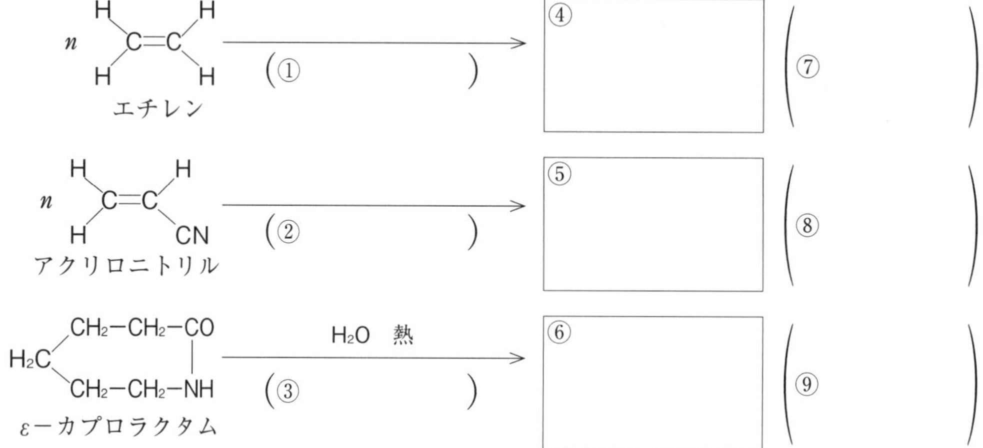

□ **2** ナイロン66の合成実験を行った。あとの問いに答えなさい。ただし，原子量は，H＝1.0，C＝12，N＝14，O＝16とする。

〔手順①〕 ビーカーに水を入れ，ヘキサメチレンジアミンと水酸化ナトリウムを加えて溶かした(A液)。

〔手順②〕 試験管にヘキサンをとり，アジピン酸ジクロリドを加えて溶かした(B液)。

〔手順③〕 A液が入ったビーカーにB液を2層になるように静かに注いだ。界面で生じた膜をピンセットでとりあげ，ガラス棒に糸状に巻き取り，十分な水で洗浄した後，乾燥させた。

(1) この縮合重合反応を化学反応式で表しなさい。

(　　　　　　　　　　　　　　　　)

Check

↳ 2 アジピン酸ジクロリド
$ClCO(CH_2)_4COCl$

(2) この実験で水酸化ナトリウムを加える理由を答えなさい。
(　　　　　　　　　　　　　　　　　　　　　　　　　)

(3) この反応で生成する－CO－NH－の結合を何とよびますか。
(　　　　　　　　)

(4) 得られたナイロン66の平均分子量が2.2×10^4であるとき，重合度nはいくらか，整数で答えなさい。ただし，繰り返し構造のみで考えなさい。
式(　　　　　　　　　　)　答(　　　　)

(4)まず，繰り返し単位の式量を求め，重合度をnとして計算する。

□ **3** テレフタル酸ジメチルとエチレングリコールを縮合重合させた。次の問いに答えなさい。ただし，原子量は，H＝1.0，C＝12，O＝16とする。

(1) 2種類の分子がn分子ずつ反応したとして，この反応の化学反応式を書きなさい。
(　　　　　　　　　　　　　　　　　　　　　　　　　)

(2) この反応で生成する－COO－の結合を何とよびますか。
(　　　　　　　　)

(3) 生成したポリエチレンテレフタラートの重合度(n)が50のとき，CH_3OHは何g生成しましたか。(　　　　　　　　)

(4) 生成したポリエチレンテレフタラートの平均分子量が1.92×10^4であるとき，分子中の－COO－結合の数を求めなさい。
式(　　　　　　　　　　)　答(　　　　)

↳ **3** テレフタル酸ジメチル

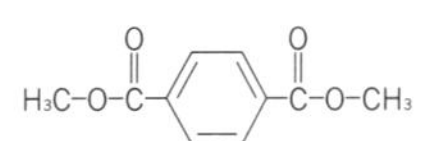

(3)重合度がnのとき，CH_3OHは何mol脱離するだろうか。

□ **4** 下の図はビニロンの合成経路を示している。

(1) 図の①，②に適する生成物の構造式，③～⑤に名称，⑥，⑦に反応に用いる物質の化学式を書きなさい。

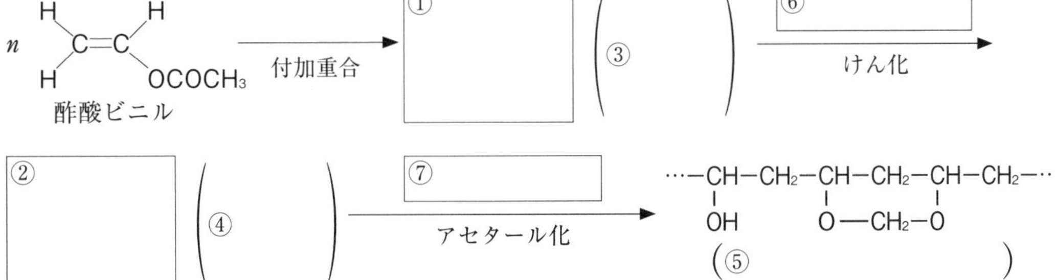

(2) ビニロンは適度な吸湿性をもっている。この理由をビニロンの構造と関連させて述べなさい。
(　　　　　　　　　　　　　　　　　　　　　　　　　)

↳ **4** ヒドロキシ基は，一部のみがアセタール化される。

30 合成高分子化合物 ②

解答▸別冊P.29

POINTS

1 **熱可塑性樹脂**……鎖状構造でできているものが多く，加熱により軟化する。付加重合により合成されるものが多い。

2 **熱硬化性樹脂**……網目状構造をとるものが多く，一度硬化すると，加熱しても軟化しない。付加縮合により合成されるものが多い。

3 **陽イオン交換樹脂**……樹脂中の水素イオンH^+と水溶液中の陽イオンが交換される。

4 **陰イオン交換樹脂**……樹脂中の水酸化物イオンOH^-と水溶液中の陰イオンが交換される。

NaClaq → 陽イオン交換樹脂 → HClaq
NaClaq → 陰イオン交換樹脂 → NaOHaq

□ **1** 次の表の①，②には語句を，③～⑯には適当なものを下の選択肢から選んで記入しなさい。ただし，モノマーは**ア～キ**，樹脂の特徴は**A～G**から選びなさい。

分類	（①			）樹脂	（②		）樹脂
樹脂	ポリエチレン	ポリスチレン	ポリ塩化ビニル	ポリメタクリル酸メチル	フェノール樹脂	尿素樹脂	メラミン樹脂
モノマー	（③　）	（⑤　）	（⑦　）	（⑨　）	（⑪　）	（⑬　）	（⑮　）
特徴	（④　）	（⑥　）	（⑧　）	（⑩　）	（⑫　）	（⑭　）	（⑯　）

ア H, CH_3 / C=C / H, $COOCH_3$

イ H, H / C=C / H, H

ウ H, H / C=C / H, Cl

エ H, H / C=C / (ベンゼン環), H

オ NH_2 / N, N / H_2N, N, NH_2

カ

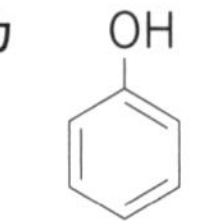

キ O / C / H_2N, NH_2

A　透明度が高く，硬い材料で，コンタクトレンズや水槽に用いられる。
B　耐久性，耐熱性に優れた高強度の材料で，食器に用いられることが多い。
C　薬品に強く，多くが水道管などのパイプに利用されている。
D　軽くて成型しやすく，食品容器や断熱容器などに用いられる。
E　重合温度・圧力の差により，高密度と低密度のポリマー製品がある。
F　着色成形しやすく，耐薬品性，電気絶縁性が高い。電気器具や日用品などに幅広く用いられる。
G　絶縁性が非常に高く，電器製品に用いられている。ベークライトとも呼ばれる。

□ **2** 次の文の(　)に適当な語句を記入しなさい。

合成樹脂の表面を硫酸で処理すると，(①　　　　)基を有する陽イオン交換樹脂をつくることができる。塩化ナトリウム水溶液をこの陽イオン交換樹脂に通すと，水溶液中の(②　　　　)イオンと樹脂中の(③　　　　)イオンとが交換され，(③)イオンを含む液体が流出してくる。塩化ナトリウム水溶液を陰イオン交換樹脂に通した場合は，水溶液中の(④　　　　)イオンと樹脂中の(⑤　　　　)イオンとが交換され，(⑤)イオンを含む液体が流出してくる。これら2種類の樹脂を両方とも同一の容器に詰めて塩化ナトリウム水溶液を通すと，イオンを含まない水である（⑥　　　　　　）を得ることができる。

□ **3** 50 mLの塩化ナトリウム水溶液を十分な量の陰イオン交換樹脂に通し，さらに樹脂を純水でよく洗浄した。流出液と洗浄液を合わせて 0.10 mol/L 塩酸で中和滴定したところ，20 mL を要した。塩化ナトリウム水溶液のモル濃度を c〔mol/L〕として，式を書いて求めなさい。

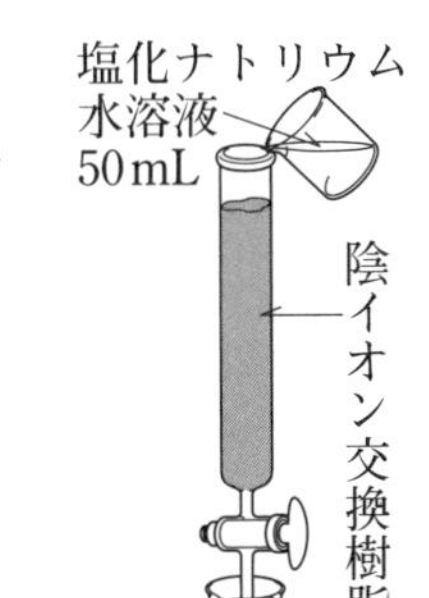

式（　　　　　　　　　　　　）

答（　　　　　　）

□ **4** フェノール樹脂の合成法について，あとの問いに答えなさい。

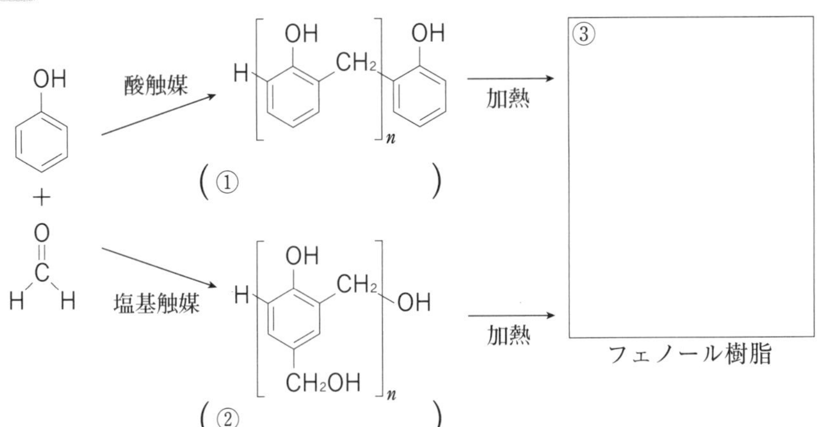

(1) 図の①，②に中間生成物の名称を書きなさい。

(2) 図の③に架橋構造をもつフェノール樹脂の構造を書きなさい。

(3) ①，②の中間生成物からフェノール樹脂を合成する際，硬化剤が必要になるのは①，②のどちらの中間生成物か，番号で答えなさい。（　　）

□ **5** 次の文の（　）に適当な語句，〔　〕に構造式を記入しなさい。

天然ゴム（生ゴム）はイソプレン〔①　　　　　〕が付加重合した分子構造をもつ。高分子鎖どうしを架橋させるため，硫黄を加えて加熱することを（②　　　　）といい，このようなゴムを（③　　　　　）という。また，イソプレンのように，二重結合 C=C を２つもつ化合物を重合させたものを（④　　　　　）という。中でもスチレンと 1,3-ブタジエンを共重合させた（⑤　　　　　　　　）（SBR）は耐熱性や耐摩耗性に優れるため，車のタイヤなどに利用されている。

Check

2 イオン交換樹脂は，官能基に結びつくイオンが変化する。

3 陰イオン交換樹脂を用いた場合は，流入した塩化ナトリウム水溶液中の塩化物イオンが OH^- に置換される。

4 加熱時に脱水縮合が起こり，重合が進行する。

確認

熱可塑性樹脂と熱硬化性樹脂

熱可塑性樹脂は加熱により**軟化**。**熱硬化性樹脂**は加熱により**硬化**。

31 高分子化合物と人間生活

解答▸別冊P.29

POINTS

1 **機能性高分子化合物**……高分子の主鎖や側鎖に官能基をつけるなどして，特定の機能を付与した高分子化合物のこと。

① **吸水性高分子**…体積膨張とともに水を吸収する高分子。自重の何百倍もの水を吸収できる。衛生用品などに用いられる。

② **生分解性高分子**…酵素や微生物によって分解される高分子。医療用等に用いられる。

③ **感光性高分子**…光を当てると重合が進み，硬化して溶媒に不溶となる高分子。プリント基板や集積回路などの製造に用いられる。

④ **導電性高分子**…金属と同程度の電気伝導性を示す高分子。ポリアセチレンなど，不飽和結合を含むものが用いられる。コンデンサーや薄膜電池などに利用される。

□ **1** 次の表の①～④に適当な語句を記入しなさい。

名称	(①) 高分子	(②) 高分子	(③) 高分子	(④) 高分子
用途	写真製版，集積回路	紙おむつ，保水剤	手術用繊維，食器類	コンデンサー，電子材料
化学式の例	$\left[-CH_2-CH(-O-CO-CH=CH-C_6H_5)- \right]_n$	$\left[-CH_2-CH(-COONa)- \right]_n$	$\left[-O-CH(CH_3)-CO- \right]_n$	$\left[-CH=CH- \right]_n$

□ **2** 次のア～エのうち，説明に誤りがある文章をすべて選びなさい。
( )

ア 生分解性プラスチックは芳香族ポリエステルでできているものが多く，生体内酵素や土壌中の微生物によって分解されやすい。

イ 吸水性高分子の主成分はアクリル酸ナトリウムである。水分を吸収するとNa^+が電離して水分子を吸着するため，ポリマーがふくらむ。

ウ 導電性高分子にはポリアセチレンやポリピロールなどの高分子化合物が用いられており，ヨウ素やアルカリ金属を大量に添加することで高い電気伝導度を示す。

エ 光照射等により反応を起こす感光性高分子は，プリント基板の作成や接着剤として利用されている。

Check

↳ **2** ア．PET は芳香族ポリエステルである。

□ **3** ポリグリコール酸は生分解性高分子であり，生体内で代謝によって分解することができるため，医療用縫合糸に利用されている。次の問いに答えなさい。

(1) グリコール酸(2−ヒドロキシエタン酸)は以下のような構造の物質である。ポリグリコール酸の構造式を書きなさい。

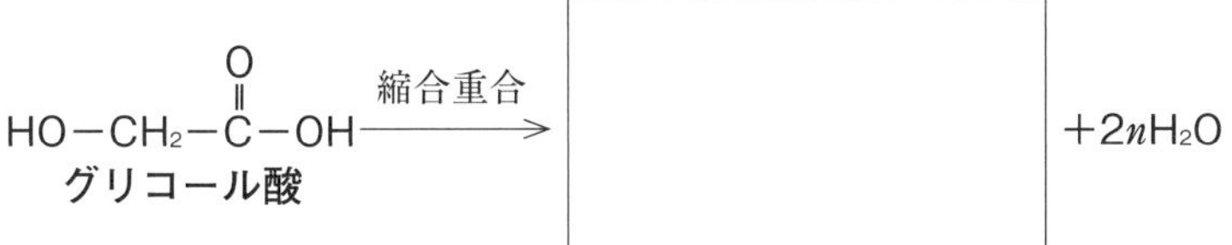

(2) ポリグリコール酸の糸は生体内の代謝により加水分解された後，最終的に2種類の物質に分解される。その物質の名称をそれぞれ答えなさい。　(　　　　)(　　　　)

(3) ポリグリコール酸の利用として，他にどのような用途が考えられますか。

(　　　　　　　　　　　　)

↳ **3** 構成元素はC，H，Oのみである。

□ **4** ①〜③に示す材料は，日常生活で多く利用されている高分子化合物である。あとの問いに答えなさい。

① 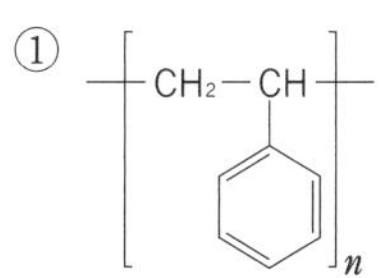

② 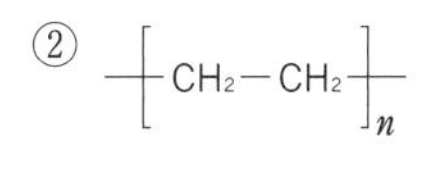

③ 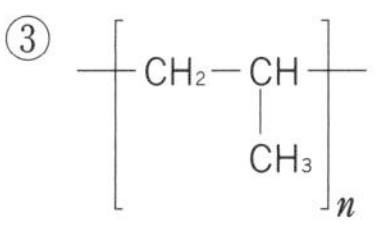

(1) ①〜③の高分子化合物の名称をそれぞれ答えなさい。

①(　　　　)　②(　　　　)

③(　　　　)

(2) 紫外線や，空気中の酸素などにより劣化分解しやすい高分子化合物を，①〜③の番号で答えなさい。　(　　)

(3) リモネン(右図)はレモンの皮から抽出できる物質である。このリモネンに溶解することができる高分子化合物を，①〜③の番号で答えなさい。　(　　)

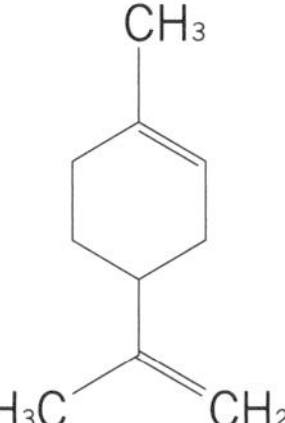

リモネン

(4) 上記の高分子化合物以外にもリモネンに溶解することができる物質がある。分子構造に注目し，次の**ア**〜**エ**から選びなさい。　(　　)

ア　ポリ塩化ビニル　　**イ**　ポリイソプレン

ウ　ナイロン66　　**エ**　ビニロン

↳ **4** (3)同じ化学構造をもつ物質ほど，互いに溶解しやすい。

確認

ポリプロピレン

耐熱性に優れるが，**酸素**や**紫外線**により劣化しやすい。

装丁デザイン　ブックデザイン研究所
本文デザイン　未来舎
DTP　スタジオ・ビーム
図　版　ユニックス

本書に関する最新情報は，小社ホームページにある**本書の「サポート情報」**をご覧ください。(開設していない場合もございます。)
なお，この本の内容についての責任は小社にあり，内容に関するご質問は直接小社におよせください。

高校 トレーニングノートα 化学

編著者　高校教育研究会
発行者　岡　本　明　剛
印刷所　ユ　ニ　ッ　ク　ス
発行所　受験研究社

〒550-0013 大阪市西区新町２丁目19番15号
注文・不良品などについて：(06)6532-1581(代表)／本の内容について：(06)6532-1586(編集)

Printed in Japan　高廣製本
落丁・乱丁本はお取り替えします。

ひっぱると，はずして使えます。

Training Note

トレーニングノートα

化学

解答・解説

解答・解説

第1章　物質の状態と平衡

1 固体の構造　(p.2〜p.3)

1 ① 高い　② 非常に高い　③ 低い
④ さまざま　⑤ 硬くてもろい
⑥ 非常に硬い　⑦ 軟らかくてもろい
⑧ 展性，延性をもつ
⑨ 固体ではなし，液体ではあり
⑩ なし　⑪ なし　⑫ あり

解説 融点は，イオン結晶や共有結合の結晶では高いが，分子結晶では低い。また，金属結晶ではまちまちである。硬さは，イオン結晶では硬く，共有結合の結晶ではダイヤモンドなどのようにとても硬い。分子結晶では軟らかい。電気伝導性は，イオン結晶では，イオンが移動できる液体では見られるが，イオンが移動できない固体では見られない。共有結合の結晶も分子結晶も電子が束縛されていて移動できないので，電気伝導性は見られない。金属結晶は自由電子をもつため，電気伝導性をもつ。

2 (1) イオン結晶　(2) 金属結晶
(3) 共有結合の結晶　(4) 金属結晶
(5) 分子結晶　(6) イオン結晶

解説 **1** により，それぞれの結晶の特徴を整理した後，**2** の問題のように，それぞれの具体例を知っておくことが重要である。

3 (1) イオン結晶　(2) 共有結合の結晶
(3) 分子結晶　(4) 金属結晶

解説 **1** で示した結晶の性質を整理しておけば十分である。

4 (1) 黒玉　(2) (Na^+)4　(Cl^-)4
(3) (式)「解説」参照　(答)3.9×10^{-22}
(4) (式)「解説」参照　(答)2.2

解説 (1) ナトリウムイオンのほうが，塩化物イオンより小さいので，黒玉である。
(2) Na^+の数は，
$\frac{1}{4}$(格子の辺の中央に位置し，4つの単位格子と接触する粒子)×12(辺の数)+1(単位格子の中心)
=4 個
Cl^-の数は，
$\frac{1}{8}$(頂点に位置し，8つの単位格子と接触する粒子)×8(頂点の数)+$\frac{1}{2}$(面の中央に位置し，2つの単位格子と接触する粒子)×6(面の数)=4 個
(3) 単位格子中にNa^+が4個，Cl^-が4個あるので，NaCl としては4個存在するから，

$$\frac{58.5\times4}{6.0\times10^{23}}=39\times10^{-23}=3.9\times10^{-22}\,[\mathrm{g}]$$

である。
(4) 単位格子1辺の長さは 0.56 nm=5.6×10^{-8} cm なので，

$$\frac{3.9\times10^{-22}}{(5.6\times10^{-8})^3}\fallingdotseq2.2\,[\mathrm{g/cm^3}]$$

5 (1) 左図　(2) 8　(3) 12

解説 (1) 鉄は体心立方格子(左図)で，銅は面心立方格子(右図)をとる。
(2) 体心立方格子では図のように8個である。
(3) 面心立方格子では図のように12個である。

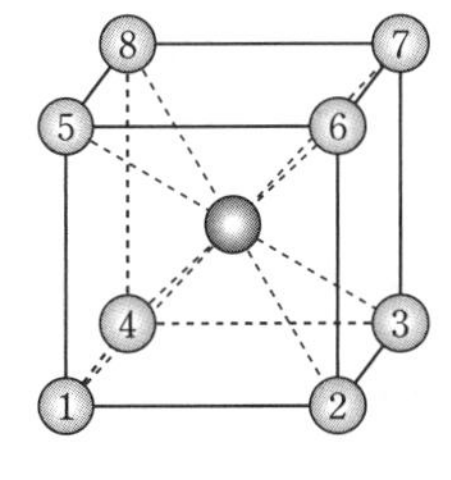

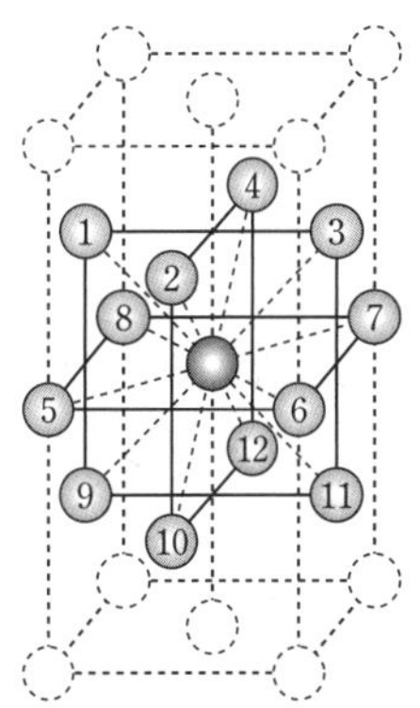

6 (結晶)金，二酸化炭素，食塩，ヨウ素
(非晶質)ガラス，アモルファスシリコン

解説 金は金属結晶，二酸化炭素(ドライアイス)は分子結晶，食塩はイオン結晶，ヨウ素は分子結晶である。ガラスとアモルファスシリコンは非晶質。

② 物質の状態 (p.4〜p.5)

1 ① 蒸発　② 水蒸気(気体)　③ 沸騰　④ 沸点　⑤ 凝縮　⑥ 気液平衡　⑦ 飽和蒸気圧(蒸気圧)

解説　気液平衡では，蒸発も凝縮も起こっていないように見える。しかし，実際には何も起こっていないわけではなく，蒸発する気体の分子数と凝縮する気体の分子数が等しいからそう見えるのである。

2 (式) $6.0\times\frac{72}{18}=24$　(答) 24 kJ

解説　氷 72 g は，$\frac{72}{18}=4.0$〔mol〕である。融解するには，1 mol あたり 6.0 kJ の熱量が必要なので，4.0 mol では $6.0\times4.0=24$〔kJ〕の熱量が必要である。

3 (1) (t_1)(融点に達し，)融解が始まった。
(t_2)融解が終わった(すべて液体になった)。
(2) t_1，固体
(3) (式) $4.2\times9.0\times5.0$　(答) 1.9×10^2 J

解説　(3) 氷の質量が 9.0 g なので，水になっても質量は 9.0 g である。温度変化が 5.0℃なので，このとき $4.2\times9.0\times5.0=189\fallingdotseq1.9\times10^2$〔J〕の熱量が必要である。

4 (1) 蒸気圧
(2) (水の沸点) A　(水溶液の沸点) B
(3) C　(4) 低くなる。

解説　蒸気圧曲線の読み取りの問題である。1 気圧は 1.013×10^5 Pa なので，蒸気圧がこの気圧と等しくなったときの温度が沸点となる。高い山の上では，大気圧が 1.013×10^5 Pa より小さいので，A より低い温度で沸騰することになる。

5 ① 分子量
② ファンデルワールス力(分子間力)
③ 正四面体　④ 無極性
⑤ 折れ線　⑥ 極性　⑦ 水素

解説　①・② 分子性物質では，分子量が大きいほど分子間の引き合う力が大きい。
③〜⑥ 極性分子は非対称の形態をとるが，無極性の分子は対称な形態をしており，電子を引きつける力の違いから生じた極性が打ち消し合って，結果として分子全体の極性がなくなっているわけである。

③ 気体の性質 (p.6〜p.7)

1 ① P_1　② V_1　③ P_2　④ V_2　⑤ ボイル　⑥ V_1　⑦ T_1　⑧ V_2　⑨ T_2　⑩ シャルル　⑪ P_1V_1　⑫ T_1　⑬ P_2V_2　⑭ T_2

解説　理想気体では，一定量の気体の体積 V は圧力 P に反比例し，絶対温度 T に比例する。

2 (1) 2.0×10^5　(2) 627　(3) 42　(4) 2.0×10^4
(5) (全圧) 2.5×10^5
(二酸化炭素の分圧) 1.7×10^5

解説　(1)ボイルの法則より，

1.0×10^5〔Pa〕$\times560$〔mL〕$=P$〔Pa〕$\times280$〔mL〕

よって，$P=\frac{1.0\times10^5\times560}{280}=2.0\times10^5$〔Pa〕

(2)ボイル・シャルルの法則より，

$\frac{P_1V_1}{T_1}=\frac{P_2V_2}{T_2}$ が成り立つので，

$T=\frac{3.0\times10^5〔\text{Pa}〕\times2.0〔\text{L}〕\times300〔\text{K}〕}{1.0\times10^5〔\text{Pa}〕\times2.0〔\text{L}〕}=900$〔K〕

よって，$900-273=627$〔℃〕

(3) $PV=\frac{w}{M}RT$ より，

$M=\frac{wRT}{PV}$

$=\frac{2.0〔\text{g}〕\times8.3\times10^3〔\text{Pa・L/(mol・K)}〕\times300〔\text{K}〕}{4.0\times10^5〔\text{Pa}〕\times0.30〔\text{L}〕}$

$=41.5\fallingdotseq42$〔g/mol〕

(4) 体積比＝物質量比なので，

酸素の分圧 $=1.0\times10^5$〔Pa〕$\times\frac{1}{5}$

$=2.0\times10^4$〔Pa〕

(5) まず，混合気体中の酸素，窒素，二酸化炭素の物質量をそれぞれ求める。

酸素の物質量 $=\frac{16〔\text{g}〕}{32〔\text{g/mol}〕}=0.50$〔mol〕

窒素の物質量 $=\frac{14〔\text{g}〕}{28〔\text{g/mol}〕}=0.50$〔mol〕

二酸化炭素の物質量 $=\frac{88〔\text{g}〕}{44〔\text{g/mol}〕}=2.0$〔mol〕

よって，混合気体の全物質量は 3.0 mol なので混合気体の全圧 P は，

$P=\frac{nRT}{V}$

$=\frac{3.0〔\text{mol}〕\times8.3\times10^3〔\text{Pa・L/(mol・K)}〕\times300〔\text{K}〕}{30〔\text{L}〕}$

$=2.49\times10^5\fallingdotseq2.5\times10^5$〔Pa〕

二酸化炭素の分圧は，

2.49×10^5〔Pa〕$\times\frac{2.0}{3.0}=1.66\times10^5\fallingdotseq1.7\times10^5$〔Pa〕

3 (1) (全圧)3.5×10^5 (メタン)5.0×10^4
(2) 30 (3) 2.5×10^5

解説 (1) メタンの分圧を P_{CH_4}〔Pa〕とすると，

2.0 L 2.0×10^5 Pa	⇨	8.0 L P_{CH_4} Pa

ボイルの法則より，

$$P_{CH_4}=\frac{2.0\times10^5〔Pa〕\times2.0〔L〕}{8.0〔L〕}=0.50\times10^5〔Pa〕$$

酸素の分圧を P_{O_2}〔Pa〕とすると，

6.0 L 4.0×10^5 Pa	⇨	8.0 L P_{O_2} Pa

$$P_{O_2}=\frac{4.0\times10^5〔Pa〕\times6.0〔L〕}{8.0〔L〕}=3.0\times10^5〔Pa〕$$

よって，全圧 P は，

$$P=0.50\times10^5〔Pa〕+3.0\times10^5〔Pa〕$$
$$=3.5\times10^5〔Pa〕$$

(2) 混合気体の平均分子量は，成分気体それぞれの分子量とモル分率の積の和になる。
また，成分気体の物質量の比＝分圧の比 である。
メタンの分子量 16，酸素の分子量 32 から，

$$16\times\frac{0.5\times10^5〔Pa〕}{3.5\times10^5〔Pa〕}+32\times\frac{3.0\times10^5〔Pa〕}{3.5\times10^5〔Pa〕}\fallingdotseq30$$

(3) メタンの燃焼の前後のそれぞれの気体の分圧を考える。

	CH_4	+ $2O_2$	⟶ CO_2	+ $2H_2O$(液)
反応前	0.5	3.0	0	($\times10^5$ Pa)
変化量	−0.5	−1.0	+0.5	($\times10^5$ Pa)
反応後	0	2.0	0.5	($\times10^5$ Pa)

よって，反応後の気体による圧力の合計は，

$$2.0\times10^5〔Pa〕+0.5\times10^5〔Pa〕=2.5\times10^5〔Pa〕$$

分圧比＝物質量比 から，物質量を知ることができなくても，分圧を物質量と同様に扱って求めることができる。

4 溶液とその性質 (p.8〜p.9)

1 ① **静電気** ② **水和** ③ **水和イオン**
④ **ヒドロキシ** ⑤ **水素** ⑥ **溶媒和**
⑦ **溶ける** ⑧ **溶けにくい** ⑨ **溶ける**
⑩ **溶けにくい** ⑪ **溶けにくい** ⑫ **溶ける**

解説 イオン結晶は水によく溶けるものが多い。溶質の分子やイオンが溶媒分子に取り囲まれて安定化することを溶媒和といい，溶媒が水の場合，**水和**という。

2 A．イ，エ，オ B．ア，ウ

解説 2種類の物質は互いに極性の大きい分子どうし，小さい分子どうしは溶けやすく，極性の大きい分子と小さい分子とでは溶けにくい。
　イの塩化ナトリウムは分子ではないがイオン結晶であり，電解質のため水に溶けて電離する。

3 ① **ビーカー** ② **メスフラスコ**
③ **駒込(こまごめ)ピペット** ④ **58.5**
⑤ **0.100** ⑥ **0.100** ⑦ **1.00**

解説 溶液1Lあたりに含まれている溶質の物質量で表した濃度が**モル濃度**である。したがって，1 mol/L の溶液をつくる場合は，溶質 1 mol を水に溶かして1Lにすればよい。

4 20%

解説 質量パーセント濃度は，

$$質量パーセント濃度〔\%〕=\frac{溶質の質量〔g〕}{溶液の質量〔g〕}\times100$$
$$=\frac{溶質}{溶媒+溶質}\times100=\frac{25}{100+25}\times100=20〔\%〕$$

5 0.20 mol/L

解説 NaOH＝40 より，NaOH 4.0 g の物質量は

$$\frac{4.0}{40}=0.10〔mol〕$$

$$モル濃度〔mol/L〕=\frac{溶質の物質量〔mol〕}{溶液の体積〔L〕}$$
$$=\frac{0.10}{\frac{500}{1000}}=0.20〔mol/L〕$$

6 36.5%

解説 12.0 mol/L → 1000 mL 中に 12.0 mol
HCl 12.0 mol → 12.0×36.5〔g〕
濃塩酸 1000 mL(＝1000 cm^3)の質量は 1000×1.20〔g〕

$$\frac{12.0\times36.5}{1000\times1.20}\times100=36.5〔\%〕$$

⑤ 溶解平衡と希薄溶液の性質(p.10〜p.11)

1 ① **溶解**　② **析出**　③ **溶解平衡**

解説　飽和溶液では，溶解平衡に達しており，見かけ上，溶解も析出も起こっていないように見える。

2 ① **温度**　② **高**　③ **溶解度曲線**

解説　一定量の溶媒に溶質を溶かしていくとき，ある量でそれ以上溶けなくなる限度の量を**溶解度**という。一般に，固体の溶解度は高温のほうが大きくなる傾向があるが，NaCl のようにほとんど変わらないものや，$Ca(OH)_2$ のように逆にわずかながら小さくなるものもある。

3 (1) **10.0 g**　(2) **22.5 g**

解説　温度による溶解度の違いなどを利用して固体物質を精製する方法を再結晶という。不純物を含む結晶を溶媒に溶かし，温度を下げることで純度の高い結晶が得られる。

(1) $40.0-150.0\times\frac{20.0}{100}=40.0-30.0=10.0$〔g〕

(2) $30.0-150.0\times\frac{5.0}{100}=30.0-7.5=22.5$〔g〕

4 (1) **A．水　B．グルコース水溶液**
C．塩化ナトリウム水溶液
(2) **C，B，A**

解説　溶媒に不揮発性の溶質を溶かして溶液にすると，純粋な溶媒の蒸気圧より低くなる。このことを**蒸気圧降下**といい，沸点は上昇する。電解質の場合は，電離後のすべてのイオンのモル濃度を考えなければならない。ここで NaCl は電解質であるので，水溶液中ではすべて電離してイオン全体の濃度は 0.2 mol/kg となることに注意する。

5 **ウ**

解説　ア．実際に凝固し始めるのは各冷却曲線の c 点となる。誤

イ．凝固点は過冷却状態を経ることなく凝固が始まったと見なせる温度とするので，各冷却曲線の a 点となる。誤

ウ．凝固点降下の大きさは各冷却曲線の凝固点 a 点の温度の差である。正

エ．凝固点降下度は，希薄溶液では溶質の種類に関係なく，質量モル濃度に比例するため，濃度の大きいもののほうが凝固点は低い。誤

6 ① **小さい**　② **大きい**　③ **半透膜**
④ **スクロース水溶液**　⑤ **浸透**　⑥ **浸透圧**
⑦ **絶対温度**　⑧ **ファントホッフ**

解説　セロハン膜，生物の細胞膜など，ある成分(水などの小さい分子)は通すが，ほかの成分(デンプンなどの大きい分子)を通さない膜を半透膜という。水と水溶液を半透膜で仕切って放置すると，水分子が水溶液側に移動する現象(浸透)が見られる。

水の浸透をおさえるのに必要な水溶液に加える圧力が浸透圧である。希薄溶液の浸透圧は溶液のモル濃度と絶対温度に比例し(ファントホッフの法則)，溶媒や溶質の種類には無関係である。

⑥ コロイド (p.12〜p.13)

1 ① **コロイド**　② **真の溶液**
③ **コロイド溶液**　④ **NaCl 水溶液**(など)
⑤ **デンプンの水溶液**(など)　⑥ **沈殿しない**
⑦ **沈殿しない**　⑧ **半透明**

解説　半透膜を通ることができるのは小さい溶質粒子である。コロイド粒子はそのサイズ(直径 10^{-9} 〜 10^{-7} m 程度)からろ紙は通り抜けられるが，半透膜を通ることはできない。

10^{-8} m 以下の小さなコロイド粒子の分散したコロイド溶液は透明な溶液に見える。

2 **イ，ウ，オ，カ，ク**

解説　牛乳，卵白のタンパク質や，デンプンは分子量が大きく，分子1個でコロイドとなる(分子コロイド)。墨汁は炭(炭素)に保護コロイドのニカワが添加されたコロイドである。セッケンは分子の疎水基を内側に，親水基を外側にして多数の分子が集まって会合コロイドをつくる。

塩化ナトリウム，ミョウバン，グルコースは溶質粒子が小さく，真の溶液となる。

3 ① **コロイド**　② **凝析**　③ **少量**
④ **親水**　⑤ **塩析**　⑥ **多量**

解説　水との親和力の小さい疎水コロイドが少量の電解質で沈殿する現象を**凝析**という。河川の濁りを取り除く技術に使われる。

水との親和力の大きい親水コロイドが多量の電解質で沈殿する現象を**塩析**という。セッケンや豆腐の製造時に利用される。

4 (1) **T**　(2) **F**　(3) **F**　(4) **T**　(5) **F**　(6) **T**
(7) **F**　(8) **T**

解説 (1) 酸化水酸化鉄(Ⅲ)のコロイドは＋に帯電しているので陰極側に移動する。
(2) 真の溶液では溶質の分子やイオンが小さく光を散乱しないが，コロイド粒子は光をよく散乱するので濁りの程度をはかることができる。
(3) ゼラチンは親水コロイドのため，多量の電解質で沈殿(塩析)する。
(4) セロハン袋は半透膜のため，スクロース，食塩は通り抜けるが，タンパク質とデンプンは通り抜けられず残る。
(5) コロイド粒子を限外顕微鏡(または暗視野顕微鏡ともいう)を使って見るとブラウン運動を観察できる。
(6) 硫黄のような疎水コロイドは表面が同じ電荷で反発しながら安定に分散している。疎水コロイドと反対符号の電荷をもつ価数の大きいイオンほど凝析させやすい。
(7) 液体セッケンは親水基を外側にして集合したミセルをつくり，水和している。親水コロイドと同様に少量の電解質では沈殿しない。
(8) 保護コロイドには墨汁に加えるニカワ，インクに加えるアラビアゴムなどがある。

5 (1) **陽，粘土のコロイドは負に帯電している**
(2) **イ**

解説 (1) 粘土のコロイドは負に帯電しているので陽極側に移動する。
(2) 疎水コロイドと反対符号の電荷をもち，価数の大きいイオンほど凝析させやすい。5 種類の電解質の中で**イ**の硫酸アルミニウムの Al^{3+} が 3 価と最も価数が大きい。浄水場で水道水をつくるときに利用される技術である。

第2章 | **物質の変化と平衡**

⑦ 化学反応と熱・光　*(p.14〜p.15)*

1 (1) ① H_2O　② **放出**　③ $\frac{1}{2}O_2$　④ **−242**
(2) ⑤ **45**　⑥ **NaOH**　⑦ **NaOH aq**

解説 (1) エネルギー図で，上から下の位置へ変化するのは，エネルギーが減少(熱を放出)していることを表す。
(2) 多量の水は aq と表す。

2 (1) **ア**　(2) **エ**　(3) **イ**　(4) **オ**　(5) **ウ**

解説 (1) 酸と塩基が反応して，水 1 mol が生成するときのエンタルピー変化を**中和エンタルピー**という。HCl のような強酸や NaOH のような強塩基は希薄溶液中で完全に電離しているので，強酸と強塩基の希薄溶液どうしの中和反応では，酸や塩基の種類によらず，中和エンタルピーが−56.5 kJ でほぼ一定である。

$H^+aq + OH^-aq \longrightarrow H_2O$(液)　$\Delta H = -56.5$ kJ

(2) $NaNO_3$ aq は，$NaNO_3$ の(希薄)水溶液を表している。

3 (1) **C(黒鉛)＋$2H_2$(気) ⟶ CH_4(気)　$\Delta H = -75$ kJ**
(2) **NaCl(固)＋aq ⟶ NaCl aq　$\Delta H = 3.9$ kJ**
(3) **C_3H_8(気)＋$5O_2$(気) ⟶ $3CO_2$(気)＋$4H_2O$(液)　$\Delta H = -2220$ kJ**
(4) **$H_2O_2 \longrightarrow H_2O + \frac{1}{2}O_2$　$\Delta H = -175.5$ kJ**

解説 (1) 化合物 1 mol が，その成分元素の単体から生成するときのエンタルピー変化を**生成エンタルピー**という。
(2) **溶解エンタルピー**は，溶質 1 mol を多量の溶媒に溶解したときのエンタルピー変化である。よって，NaCl(式量 58.5)の溶解エンタルピーは NaCl 58.5 g が多量の水に溶けたときのエンタルピー変化である。NaCl の溶解エンタルピーを x〔kJ/mol〕とすると，

3.0〔g〕: 0.20〔kJ〕= 58.5〔g〕: x〔kJ〕

$x = \frac{58.5}{3.0} \times 0.20 = 3.9$〔kJ/mol〕

(3) **燃焼エンタルピー**は，物質 1 mol が完全燃焼するときのエンタルピー変化である。C_3H_8 の燃焼エンタルピーを y〔kJ/mol〕とすると，

0.200〔mol〕: −444〔kJ〕= 1〔mol〕: y〔kJ〕

$y=\frac{1}{0.200}\times(-444)=-2220$〔kJ/mol〕

(4) 発熱反応のときのエンタルピーの変化量 ΔH は，負の値である。

4 −111 kJ/mol

解説　一酸化炭素の生成エンタルピーを x〔kJ/mol〕とする。

C（黒鉛）＋$\frac{1}{2}O_2$（気）⟶ CO（気）　$\Delta H=x$〔kJ〕

実験によって測定可能な炭素（黒鉛）および一酸化炭素の燃焼エンタルピーは化学反応式を用いて，以下のように表すことができる。

C（黒鉛）＋O_2（気）⟶ CO_2（気）

$\Delta H=-394$ kJ　…①

CO（気）＋$\frac{1}{2}O_2$（気）⟶ CO_2（気）

$\Delta H=-283$ kJ　…②

①，②より，エンタルピーの関係は右の図のようになる。これにより，実験によって直接測定することが難しい一酸化炭素の生成エンタルピーを次のように計算で求めることができる。

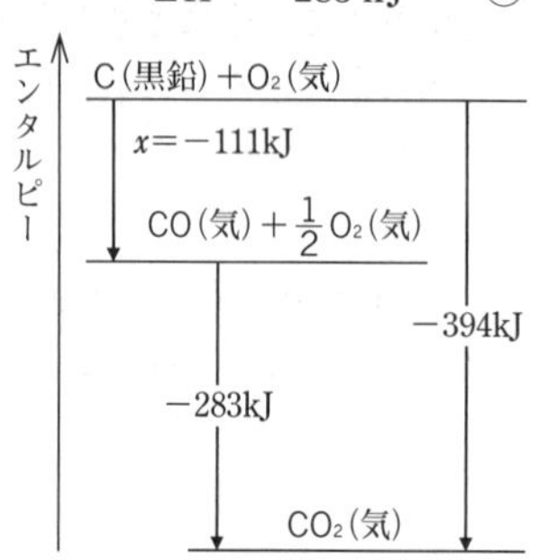

$x+(-283)=-394$　$x=-111$〔kJ/mol〕

別解　一酸化炭素の生成エンタルピーを x〔kJ/mol〕とする。

CO（気）＋$\frac{1}{2}O_2$（気）⟶ CO_2（気）

$\Delta H=-283$ kJ　…②

②式の反応エンタルピーは生成物の生成エンタルピーの総和と反応物の生成エンタルピーの総和の差で求められるため，

$-283=(-394)-x$　$x=-111$〔kJ/mol〕

5 −92.5 kJ/mol

解説　水素 1 mol と塩素 1 mol から塩化水素 2 mol が生成する反応のエンタルピー変化を x〔kJ〕とする。

H_2（気）＋Cl_2（気）⟶ 2HCl（気）　$\Delta H=x$〔kJ〕

結合エネルギーと反応エンタルピーの関係を考えると，

ΔH＝（反応物の結合エネルギーの総和）

−（生成物の結合エネルギーの総和）

＝(436＋243)−(432×2)

＝−185〔kJ〕

化合物 1 mol が，その成分元素の単体から生成するときのエンタルピー変化が生成エンタルピーのため，塩化水素の生成エンタルピーは，

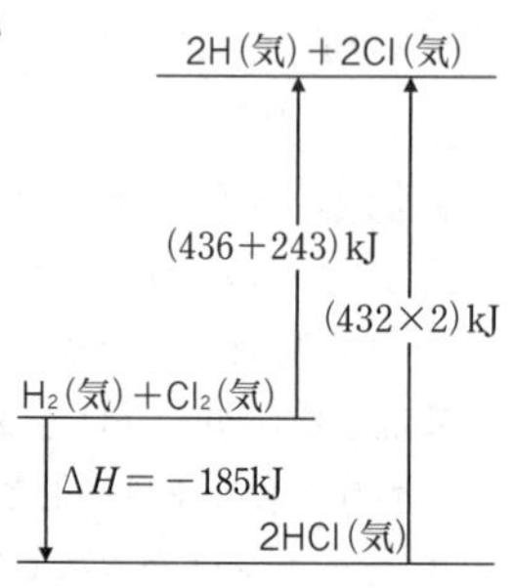

$\frac{-185〔kJ〕}{2〔mol〕}=-92.5$〔kJ/mol〕

⑧ 電　池　（p.16〜p.17）

1 ① e^-（電子）　② 電流　③ 負　④ 正
⑤ Zn^{2+}　⑥ Zn^{2+}　⑦ SO_4^{2-}　⑧ Cu^{2+}

解説　Zn は Cu よりもイオン化傾向が大きいので，Zn が溶けて Zn ⟶ $Zn^{2+}+2e^-$

電子（e^-）は Zn 板より Cu 板に移動する。したがって，Zn 板が負極，Cu 板が正極となり電流は Cu 板から Zn 板へ流れる。一方，Zn が溶けることにより $ZnSO_4$ aq 中は陽イオンが増加し，逆に $CuSO_4$ aq は $Cu^{2+}+2e^-$ ⟶ Cu により陽イオンが減少するので，セロハン（または素焼き板）を $ZnSO_4$ aq 側から $CuSO_4$ aq 側へ Zn^{2+} が，$CuSO_4$ aq 側から $ZnSO_4$ aq 側へ SO_4^{2-} がそれぞれ移動する。

2 ① 化学　② 電気　③ 還元　④ 酸化
⑤ 活物質

解説　電池の正極では電子を受け取る還元反応が，負極では電子を放出する酸化反応が起こる。電池の両極で反応する物質を，それぞれ**正極活物質**，**負極活物質**という。

重要事項　電池の原理

正極：電子を消費する。還元反応。極板は負極よりイオン化傾向の小さい金属。

負極：電子を供給する。酸化反応。極板は正極よりイオン化傾向の大きい金属。

3 (1)（正極）$Cu^{2+}+2e^-$ ⟶ Cu
（負極）Zn ⟶ $Zn^{2+}+2e^-$
(2) イオンを通過させ，2 つの水溶液が混じりあわないようにする。
(3) $ZnSO_4$ aq の濃度を小さく，$CuSO_4$ aq の濃度を大きくしておく。

解説 ダニエル電池の仕切り膜(セロハン，素焼き板など)の役割は，Zn^{2+} や SO_4^{2-} を通過させ，2つの水溶液が混じりあわないようにすることである。イオンが通過できないガラスや金属ではやがて酸化還元反応が進まなくなる。

(3) この電池では，負極で Zn が溶け出し，正極からセロハンを通って SO_4^{2-} が移動してくるので，徐々に $ZnSO_4$ の濃度が大きくなる。正極では Cu^{2+} が還元されて Cu が析出し，セロハンを通って SO_4^{2-} が負極に移動するため，$CuSO_4$ 水溶液の濃度は小さくなる。

4 ① **負(燃料)** ② **正(空気)** ③ **水素** ④ **酸素** ⑤ **リン酸水溶液**

解説 燃料電池は，水素を燃料として，外部から供給される酸素を反応させ，そのエネルギーを電気エネルギーとして取り出す装置。水素極(燃料極ともいう)が負極に，酸素極(空気極ともいう)が正極となる。

5 (正極) $O_2+4e^-+4H^+ \longrightarrow 2H_2O$
(負極) $H_2 \longrightarrow 2H^++2e^-$

解説 リン酸形燃料電池の両極での反応は，リン酸水溶液 H_3PO_4 aq の電気分解の逆の反応となる。また，アルカリ形燃料電池における両極の反応は次のとおりである。

正極：$O_2+4e^-+2H_2O \longrightarrow 4OH^-$
負極：$H_2+2OH^- \longrightarrow 2H_2O+2e^-$

注意 燃料電池
リン酸形もアルカリ形もともに，両極が反応すると水が生成する。
$2H_2+O_2 \longrightarrow 2H_2O$

6 (1) (正極活物質) PbO_2 (負極活物質) Pb
(2) (正極) $PbO_2+4H^++SO_4^{2-}+2e^- \longrightarrow PbSO_4+2H_2O$
(負極) $Pb+SO_4^{2-} \longrightarrow PbSO_4+2e^-$
(全体) $Pb+PbO_2+2H_2SO_4 \longrightarrow 2PbSO_4+2H_2O$
(3) **充電**
(4) **二次電池**
(5) (負極の質量変化) **+2.4 g**
(電解液の質量変化) **−4.0 g**

解説 (3)・(4) (2)の全体の反応における逆向きの反応が充電の反応となる。充電できない電池(乾電池など)を**一次電池**，充電できる電池を**二次電池(蓄電池)**という。

(5) 5.0 A の電流で 16 分 5 秒(965 秒)放電させたとき，流れた電気量は，5.0〔A〕×965〔s〕=4825〔C〕
流れた電子の物質量は，

$$\frac{4825〔C〕}{9.65\times10^4〔C/mol〕}=0.050〔mol〕$$

両極の反応式から，電子が 2 mol 流れると，正極では PbO_2 が $PbSO_4$ に，負極では Pb が $PbSO_4$ に変化する反応が起こる。このとき，各物質の原子量・式量から，正極では 303−239=64〔g〕，負極では 303−207=96〔g〕 増加する。同時に電解液では，正極と負極で増加した分の 64+96=160〔g〕減少する。よって，電子が 0.050 mol 流れたとき，負極の質量は

$$96〔g〕\times\frac{0.050〔mol〕}{2〔mol〕}=2.4〔g〕$$

増加し，電解液の質量は

$$160〔g〕\times\frac{0.050〔mol〕}{2〔mol〕}=4.0〔g〕$$

減少する。

重要事項 鉛蓄電池
$Pb+PbO_2+2H_2SO_4 \rightleftarrows 2PbSO_4+2H_2O$
右向きは放電。両極の質量は増加し，電解液の質量は減少する。左向きは充電。両極の質量は減少し，電解液の質量は増加する。

⑨ 電気分解 (p.18〜p.19)

1 ① **塩素** ② **銅** ③ **塩素** ④ **ナトリウム** ⑤ **酸素** ⑥ **銅** ⑦ **銅(Ⅱ)イオン** ⑧ **銅**

解説 それぞれの極での反応式は次の通り。
①・③ $2Cl^- \longrightarrow Cl_2+2e^-$
②・⑥・⑧ $Cu^{2+}+2e^- \longrightarrow Cu$
④ $Na^++e^- \longrightarrow Na$
⑤ $2H_2O \longrightarrow O_2+4e^-+4H^+$
⑦ $Cu \longrightarrow Cu^{2+}+2e^-$

重要事項 電気分解による生成物
陽極…NO_3^-，SO_4^{2-} は反応せず，水が反応して電子を放出する。
$2H_2O \longrightarrow O_2+4e^-+4H^+$
陰極…Na^+，Al^{3+} など，イオン化傾向の大きい金属のイオンは反応せず，水が反応して電子を受け取る。
$2H_2O+2e^- \longrightarrow H_2+2OH^-$

2 (1) **2.4×10^2 C**　(2) **1.6×10^{-19} C**
(3) **0.10 mol**　(4) **0.50 A**

解説　(1) $2.0〔A〕\times120〔s〕=2.4\times10^2〔C〕$
(2) 電子 1 molの電気量の大きさ÷アボガドロ定数より，
$$\frac{9.65\times10^4〔C/mol〕}{6.0\times10^{23}〔/mol〕}\fallingdotseq1.6\times10^{-19}〔C〕$$
(3) $10〔A〕\times965〔s〕=9650〔C〕$
$$\frac{9650〔C〕}{9.65\times10^4〔C/mol〕}=0.10〔mol〕$$
(4) $0.020〔mol〕\times9.65\times10^4〔C/mol〕=1930〔C〕$
1 時間 4 分 20 秒＝3860 秒より，
$1930〔C〕\div3860〔s〕=0.50〔A〕$

重要事項　ファラデーの法則
ファラデーの電気分解の法則ともいう。
・電気量〔C〕＝電流〔A〕×時間〔s〕
・電子 1 mol が流れると n 価のイオンは $\frac{1}{n}$〔mol〕変化する。
・ファラデー定数：$F=9.65\times10^4$ C/mol
（電子 1 mol の電気量の大きさ）

3 ① **塩素**　② **水素**　③ **陽**　④ **Cl^-**　⑤ **陰**
⑥ **H_2O**　⑦ **Na^+**　⑧ **NaOH**

解説　陽極：$2Cl^-\longrightarrow Cl_2\uparrow+2e^-$
陰極：$2H_2O+2e^-\longrightarrow 2OH^-+H_2\uparrow$
陽イオン交換膜は陽イオンのみを通過させるので，Na^+は陰極へ移動し，水が電離して生じた H^+が陰極で e^-を受けとる（Na はイオン化傾向が大きいため Na^+は安定で，水溶液中では反応しにくい）。したがって，水が電離して生じる OH^-と移動してくる Na^+の濃度が陰極付近で大きくなり，NaOH 水溶液としてとり出すことができる。

4 (1)（陽極）$2H_2O\longrightarrow O_2+4e^-+4H^+$
（陰極）$2H^++2e^-\longrightarrow H_2$
(2)（陽極）$4OH^-\longrightarrow O_2+4e^-+2H_2O$
（陰極）$2H_2O+2e^-\longrightarrow H_2+2OH^-$

解説　硫酸のように水素イオンが多い場合，陰極では水素イオンが反応する。水酸化ナトリウムのように水酸化物イオンが多い場合，陽極では水酸化物イオンが反応する。硫酸イオンやナトリウムイオンは反応しない。

5 (1) **0.30 mol**
(2) **C．大きくなる。　D．小さくなる。**

解説　(1) A 極：$Ag^++e^-\longrightarrow Ag$
電子 1 mol が流れると Ag 1 mol が析出する。析出した Ag は，
$43.2\div108=0.40〔mol〕$
よって，電解槽Ⅰに流れた電子は 0.40 mol であり，直列回路なので，電解槽Ⅱに流れた電子も 0.40 mol である。
C 極：$\underset{2\,mol}{2H_2O+2e^-}\longrightarrow \underset{1\,mol}{H_2}+2OH^-$
D 極：$2H_2O\longrightarrow \underset{1\,mol}{O_2}+\underset{4\,mol}{4e^-}+4H^+$
電子 1 mol が流れると，水素 $\frac{1}{2}$mol，酸素 $\frac{1}{4}$mol が発生するので，電子 0.40 mol では，
$0.40\times\left(\frac{1}{2}+\frac{1}{4}\right)=0.30〔mol〕$
(2) 上記の反応式により，C 極付近では OH^-が増加するため塩基性に（pH が大きく）なり，D 極付近では H^+が増加するため酸性に（pH が小さく）なる。

6 ① **陽**　② **陰**　③ **陰**　④ **陽**
⑤・⑥ **金，銀**（順不同）　⑦ **陽極泥**

解説　このように粗銅から純銅を生成する方法を，銅の**電解精錬**という。両電極間に約 0.3 V の電圧を加えて長時間電気分解を行う。陽極の粗銅からは，銅よりイオン化傾向の大きい金属がイオンとなって溶け出し，陰極に純銅（99.99％以上の高純度の銅）のみが析出する。粗銅に含まれるイオン化傾向の小さい金や銀などは，単体のまま陽極の下に沈殿する。この沈殿が堆積したものを**陽極泥**とよぶ。

⑩ 反応速度 (p.20〜p.21)

1 ① **遷移(活性化)** ② **反応物** ③ **生成物**
④ **活性化エネルギー** ⑤ **触媒**
⑥ **反応エンタルピー**

解説 反応が起こるための最小限のエネルギーが活性化エネルギーで，触媒があるとその値が小さくなる。反応前後のエネルギーの差が反応エンタルピーとなり，この変化では，生成物のエネルギーが反応物のエネルギーの総和より小さいので，エネルギーを外に放出する発熱反応となる。逆反応では，エネルギーを吸収する吸熱反応となる。

重要事項 活性化エネルギー
反応を起こさせるための最小限のエネルギー。この値以上のエネルギーがないと，反応が起こらない。

2 ① **大き** ② **上昇** ③ **活性化エネルギー**
④ **触媒**

解説 反応物の濃度が大きくなると，反応物の衝突回数が多くなるため反応速度は大きくなる。また，反応系の温度が上昇すると，粒子の運動エネルギーが大きくなり，濃度が大きくなったときと同様，衝突回数が多くなるため反応速度は大きくなる。

3 (1) **81倍，$\frac{1}{9}$倍** (2) **18倍**

解説 (1) 10℃上がるごとに3倍になるので，40℃上がると，$3\times3\times3\times3=3^4=81$〔倍〕となり，20℃下がると，$\frac{1}{3}\times\frac{1}{3}=\left(\frac{1}{3}\right)^2=\frac{1}{9}$〔倍〕となる。
(2) 反応速度を表す式が $v=k[\mathrm{A}][\mathrm{B}]^2$ より，A，Bの濃度をそれぞれ2倍，3倍にすると，v は $2\times3^2=18$〔倍〕となる。

4 (1) **0.45 mol/L** (2) **3.0×10^{-2} mol/(L・min)**
(3) **0.10/min**

解説 (1) 区分(a)での平均濃度だから，時間0分と4分での濃度の平均値をとる。
$(0.54+0.36)\div2=0.45$〔mol/L〕
(2) 区分(b)での平均反応速度は，濃度の減少量を経過した反応時間で割って求める。
$(0.36-0.24)$〔mol/L〕$\div4$〔min〕
$=0.030=3.0\times10^{-2}$〔mol/(L·min)〕
(3) 反応速度が $[H_2O_2]$ に比例するとき，反応速度式は，$v=k[H_2O_2]$ で表される。(c)での反応速度は，
$v=(0.24-0.16)$〔mol/L〕$\div4$〔min〕
$=0.020$〔mol/(L·min)〕
(c)での平均濃度は，$(0.24+0.16)\div2=0.20$〔mol/L〕なので，$0.020=k\times0.20$ $k=0.10$〔/min〕

重要事項 反応速度式
反応物や生成物の濃度を用いて反応速度を表した式。過酸化水素の分解反応での反応速度式は，反応速度が $[H_2O_2]$ に比例するので，
$v=k[H_2O_2]$ (kは反応速度定数)
反応によって表し方が異なる。kは，反応の種類や温度，触媒の存在により異なる値となる。

5 (1) **発熱反応** (2) **−92**
(3) **遷移状態(活性化状態)**
(4) **234** (5) **ウ** (6) **大きくなる。**

解説 (1)・(2) 図より反応物のエネルギーの和が生成物のエネルギーの和より92 kJ大きくなっている。したがって，反応が起こると92 kJのエネルギーが外部に放出される(発熱反応)ことになる。
(2)・(3) 反応物に234 kJ以上のエネルギーを与えるとXの状態，すなわち遷移状態(活性化状態)となる。このときの234 kJが活性化エネルギーである。
(5)・(6) 触媒を用いると，点線のように活性化エネルギーが小さくなる。小さいエネルギーで反応が起こるので反応速度は大きくなる(反応を促進させる)。

重要事項 触 媒
活性化エネルギーを小さくすることで，反応速度を大きくする(反応を促進させる)。

⑪ 化学平衡とその移動 (p.22〜p.23)

1 ① **HI** ② **0.80** ③ **1.6** ④ **0.20**
⑤ **1.6** ⑥ $\frac{0.20}{V}$ ⑦ $\frac{0.20}{V}$ ⑧ $\frac{1.6}{V}$
⑨ $\frac{1.6}{V}$ ⑩ $\frac{0.20}{V}$ ⑪ $\frac{0.20}{V}$ ⑫ **64**

解説 反応前，反応による変化量，平衡時の3つの項目の物質量を考える。平衡定数を求めるには，平衡時のモル濃度を，平衡定数の式に代入する。

2 **3.2 mol**

解説 H_2 と I_2 が x〔mol〕$(0<x<2.0)$ 反応して

HIが $2x$〔mol〕生じたとすると，モル濃度$[H_2]$，$[I_2]$，$[HI]$は次の通りである。

$[H_2]=\dfrac{2.0-x}{V}$〔mol/L〕

$[I_2]=\dfrac{2.0-x}{V}$〔mol/L〕

$[HI]=\dfrac{2x}{V}$〔mol/L〕

1 より，平衡定数 $K=\dfrac{[HI]^2}{[H_2][I_2]}=64$ だから，

$$K=\frac{\left(\frac{2x}{V}\right)^2}{\frac{2.0-x}{V}\times\frac{2.0-x}{V}}=\left(\frac{2x}{2.0-x}\right)^2=64$$

$0<x<2.0$ であるから，

$\dfrac{2x}{2.0-x}=8\quad 10x=16\quad x=1.6$〔mol〕

したがって，HIの物質量 $2x=3.2$〔mol〕

3 ① **逆**　② **可逆**　③ **平衡**　④ **静止している**

解説 平衡状態は，正反応と逆反応の反応速度が等しくなったときで，反応が静止している状態に見える。実際には，正反応も逆反応も起こっている。

4 (1) $K=\dfrac{[HI]^2}{[H_2][I_2]}$　(2) $K=\dfrac{[N_2O_4]}{[NO_2]^2}$

(3) $K=\dfrac{[NH_3]^2}{[N_2][H_2]^3}$

重要事項　平衡定数

可逆反応 $aA+bB \rightleftarrows pP+qQ$ のとき，
平衡定数 K は次のように表すことができる。

$$K=\frac{[P]^p[Q]^q}{[A]^a[B]^b}$$

5 $K_p=\dfrac{p_{CO}{}^2}{p_{CO_2}}$

解説 圧平衡定数を考えるときは，固体の反応物は考慮しない。成分気体の分圧だけで考える。

ここでは，炭素C(黒鉛)は固体であるので，一酸化炭素，および二酸化炭素の分圧のみを考える。

重要事項　圧平衡定数 K_p と平衡定数 K

可逆反応 $aA+bB \rightleftarrows pP+qQ$ において，
圧平衡定数 K_pは次のように表すことができる。

$$K_p=\frac{p_P{}^p\,p_Q{}^q}{p_A{}^a\,p_B{}^b}\quad\left(\begin{array}{l}p_P,\ p_Q \text{ は P, Q の分圧}\\ p_A,\ p_B \text{ は A, B の分圧}\end{array}\right)$$

また，気体定数を R，絶対温度を T とすると，K_p と K には次のような関係がある。

$$K_p=K(RT)^{(p+q)-(a+b)}$$

6 (1) **左**　(2) **右**　(3) **右**　(4) **移動しない**　(5) **移動しない**　(6) **左**

解説 ルシャトリエの原理より，

(1) H_2 を増加させる方向(左)へ平衡が移動する。

(2) 圧力を増加させると，分子数が減少の方向(右)へ移動する。

(3) 温度を下げると，発熱反応の方向(右)へ移動する。

(4) 触媒は平衡に達するまでの時間を短くするが，平衡移動をさせる条件の変化は起こらない。

(5) 体積を一定に保つので，混合気体の成分気体の分圧は変化しない。したがって，圧力に変化がないので，平衡も移動しない。

(6) (5)と違い，圧力を一定に保つので，He を加えた分だけ元の混合気体の全圧が下がる。すなわち，元の成分気体の分圧もすべて小さくなるので，分子数が増加する方向(左)へ移動する。

重要事項　ルシャトリエの原理

「化学反応が平衡状態にあるとき，その条件(濃度，圧力，温度)を変化させると，その影響を緩和させる方向に平衡が移動する。」

濃度　大きくする：濃度減少の方向へ移動
　　　小さくする：濃度増加の方向へ移動

圧力　高くする：分子数減少の方向へ移動
　　　低くする：分子数増加の方向へ移動

温度　高くする：吸熱反応の方向へ移動
　　　低くする：発熱反応の方向へ移動

7 **エ**

解説 酢酸が 0.20 mol に減少していたのだから，反応した酢酸は $1.0-0.20=0.80$〔mol〕となる。
したがって，生成した酢酸エチルと水の物質量は 0.80 mol となる。酢酸とエタノールは 0.20 mol ずつ残っているので，溶液の体積を V とすると，平衡時のそれぞれの物質のモル濃度は次のようになる。

$$\underset{\frac{0.20}{V}}{CH_3COOH} + \underset{\frac{0.20}{V}}{C_2H_5OH} \rightleftarrows \underset{\frac{0.80}{V}}{CH_3COOC_2H_5} + \underset{\frac{0.80}{V}}{H_2O}$$

単位は〔mol/L〕

したがって，平衡定数 K は次のようになる。

$$K=\frac{[CH_3COOC_2H_5][H_2O]}{[CH_3COOH][C_2H_5OH]}=\frac{\left(\frac{0.80}{V}\right)^2}{\left(\frac{0.20}{V}\right)^2}=16$$

⑫ 水溶液中の化学平衡 ① (p.24〜p.25)

1 ① $c(1-\alpha)$　② $c^2\alpha^2$　③ $c(1-\alpha)$　④ $c\alpha^2$

⑤ 1　⑥ $\dfrac{K_a}{c}$　⑦ $\sqrt{cK_a}$　⑧ $-\dfrac{1}{2}\log_{10}cK_a$

解説 モル濃度×電離度が，全体のうちの電離したイオンのモル濃度である。電離度と電離定数から水素イオン濃度，および pH が求められる。

> **重要事項　pH　水素イオン指数**
> $pH = -\log_{10}[H^+]$　（$[H^+]$：水素イオン濃度）
> pH＜7　pH＝7　pH＞7（25℃）
> 酸性　中性　塩基性

2 (1) ア
(2) ① 4，酸性　② 10，塩基性　③ 11，塩基性

解説 (1) ア．誤り。pH が 2 だけ小さくなるということは，水素イオン濃度 $[H^+]$ が $10^2=100$〔倍〕になるということである。このとき $[OH^-]$ は，水のイオン積 $K_w=[H^+][OH^-]$ が一定であることより，$\dfrac{1}{100}$倍となる。

イ．正しい。pH＝5 の水溶液を 1000 倍に薄めても，pH が 7 より大きくなることはない。酸性の水溶液をどんなに薄めても，塩基性にはならない。

ウ．正しい。25℃の純水では，

$[H^+]=[OH^-]=1.0\times10^{-7}$ mol/L

(2) ① $[H^+]=0.0001=10^{-4}$〔mol/L〕$>10^{-7}$　酸性

② $[OH^-]=0.0001=10^{-4}$〔mol/L〕，

水のイオン積 $K_w=[H^+][OH^-]=1.0\times10^{-14}$ より，

$[H^+]=10^{-10}$〔mol/L〕$<10^{-7}$　塩基性

③ $[OH^-]=0.1\times0.01=10^{-3}$〔mol/L〕

$[H^+]=10^{-11}$〔mol/L〕$<10^{-7}$　塩基性

> **重要事項　水のイオン積 K_w**
> どのような水溶液でも，25℃において，
> $K_w=[H^+][OH^-]=1.0\times10^{-14}(\mathrm{mol/L})^2$
> が成り立つ。

3 (1) (平衡)右　(電離定数)変化しない
(2) (平衡)左　(電離定数)変化しない
(3) (平衡)右　(電離定数)変化しない

解説 電離定数は，温度によってのみ変化するので，ここではすべて変化しない。

(1) 水を加えるので，H_2O が減少する方向へ移動。

(2) アンモニウムイオンが増加するので，NH_4^+が減少する方向へ移動。

(3) 塩酸中の H^+ が OH^- と反応して水になるため，OH^-が増加する方向へ移動。

> **重要事項　ルシャトリエの原理**
> 電離平衡においても，次の原理が当てはまる。
> →濃度の変化
> 「化学反応が平衡状態にあるとき，その条件（濃度，圧力，温度）を変化させると，その影響を緩和させる方向に平衡が移動する。」

4 ① $c(1-\alpha)$　② $c\alpha$　③ $\dfrac{c\alpha^2}{1-\alpha}$　④ 1　⑤ $c\alpha^2$

⑥ $\sqrt{\dfrac{K_b}{c}}$　⑦ $\sqrt{cK_b}$　⑧ $14+\dfrac{1}{2}\log_{10}cK_b$

解説 塩基の電離でも **1** と同様のことがいえる。塩基の電離定数は K_b で表す（b は base：塩基）。
水のイオン積より，

$[H^+]\sqrt{cK_b}=1.0\times10^{-14}$　$[H^+]=\dfrac{10^{-14}}{\sqrt{cK_b}}$

$pH=-\log_{10}[H^+]=-\log_{10}\dfrac{10^{-14}}{\sqrt{cK_b}}$

$=-(\log_{10}10^{-14}-\log_{10}\sqrt{cK_b})=14+\dfrac{1}{2}\log_{10}cK_b$

5 (1) ① 3.13　② 10.98
(2) (電離度) 1.0×10^{-2}
(水素イオン濃度) 2.7×10^{-3} mol/L

解説 (1) ① $[H^+]=0.020\times0.037=7.4\times10^{-4}$〔mol/L〕

したがって，$pH=-\log_{10}(7.4\times10^{-4})=4-0.87=3.13$

② $[OH^-]=0.050\times0.019=9.5\times10^{-4}$〔mol/L〕

水のイオン積 $K_w=[H^+][OH^-]=1.0\times10^{-14}$ より，

$[H^+]=\dfrac{1.0\times10^{-14}}{9.5\times10^{-4}}=\dfrac{1}{9.5}\times10^{-10}$〔mol/L〕

$pH=-\log_{10}\left(\dfrac{1}{9.5}\times10^{-10}\right)=10-\log_{10}\dfrac{1}{9.5}$

$=10+\log_{10}9.5=10+0.98=10.98$

(2) $\alpha=\sqrt{\dfrac{K_a}{c}}=\sqrt{\dfrac{2.7\times10^{-5}}{0.27}}=1.0\times10^{-2}$

$[H^+]=\sqrt{cK_a}=\sqrt{0.27\times2.7\times10^{-5}}$

$=2.7\times10^{-3}$〔mol/L〕

> **重要事項　常用対数**
> ・$\log_{10}ab=\log_{10}a+\log_{10}b$
> ・$\log_{10}\dfrac{a}{b}=\log_{10}a-\log_{10}b$
> $\log_{10}a$ の $_{10}$ を省略して，$\log a$ と表すこともある。

⑬ 水溶液中の化学平衡 ② (p.26～p.27)

1 ① 弱　② 強　③ CH_3COO^-　④ CH_3COOH
⑤ $[OH^-]$　⑥ 塩基　⑦ 強　⑧ 弱　⑨ NH_4^+
⑩ NH_3+H_2O　⑪ $[H^+]$　⑫ 酸

解説 酢酸ナトリウムでは，水の電離による水素イオンが酢酸イオンと結合して酢酸が生じ，同時に水酸化物イオンも少量生じるので弱塩基性を示す。

また，塩化アンモニウムでは，水の電離による水酸化物イオンがアンモニウムイオンと結合してアンモニアと水が生じ，同時に水素イオンが少量生じるので弱酸性を示す。

重要事項　塩の加水分解
弱酸と強塩基，および，強酸と弱塩基の中和から生じた塩は，水溶液中で水と反応して加水分解する。

2 (1) イ
(2) ① $CH_3COOH+NaCl$
② $CaCl_2+2NH_3+2H_2O$
(3) ① 塩基性　② 酸性

解説 (1) 弱酸とその塩の組み合わせは**イ**である。
(2) 弱酸からなる塩に強酸を加えると，弱酸が遊離し，強酸の塩が生じる。

重要事項　正塩の水溶液の性質
強酸と強塩基から生じた塩の水溶液：**中性**
弱酸と強塩基から生じた塩の水溶液：**塩基性**
強酸と弱塩基から生じた塩の水溶液：**酸性**

重要事項　弱酸・弱塩基の遊離
弱酸の塩＋強酸
　　⟶ **弱酸(発生，析出)**＋強酸の塩
弱塩基の塩＋強塩基
　　⟶ **弱塩基(発生，析出)**＋強塩基の塩

3 ① 電離　② 大き　③ 左　④ 減少
⑤ 酢酸イオン　⑥ 左　⑦ 右　⑧ pH

解説 酢酸と酢酸ナトリウムの混合溶液がどのように緩衝作用を示すかを述べたものである。アンモニアと塩化アンモニウムの混合溶液がどのように緩衝作用を示すかも考えてみよう。

重要事項　緩衝作用
少量の酸や塩基を加えても，$[OH^-]$や$[H^+]$がほとんど変わらないようにはたらく作用。

重要事項　緩衝液
緩衝作用をもつ溶液のこと。**弱酸とその塩**との混合溶液，または，**弱塩基とその塩**との混合溶液。
例　酢酸＋酢酸ナトリウム
　　アンモニア＋塩化アンモニウム

4 (1) $BaSO_4$　(2) ウ，カ

解説 図の B の領域は，$[Ba^{2+}]$ と $[SO_4^{2-}]$ の積が溶解度積の値を超えるところである。すなわち，

$$[Ba^{2+}][SO_4^{2-}] > 1.0\times10^{-10}(mol/L)^2$$

となり，沈殿 A である $BaSO_4$ が生じる領域である。

重要事項　溶解度積　(AgCl の場合)
$AgCl \rightleftarrows Ag^+ + Cl^-$ では，
$K_{sp}=1.8\times10^{-10}(mol/L)^2$
塩化銀水溶液の$[Ag^+][Cl^-]$が
$[Ag^+][Cl^-]>K_{sp}$のとき，沈殿が生じる。
$[Ag^+][Cl^-]\leqq K_{sp}$のとき，沈殿は生じない。

5 4.7

解説 酢酸と酢酸ナトリウムの混合溶液だが，酢酸の電離度は非常に小さいので，この溶液に含まれる酢酸イオンの濃度$[CH_3COO^-]$は，すべて酢酸ナトリウムが電離したものと考える。また，酢酸の濃度$[CH_3COOH]$は，同様に，元の酢酸の濃度と等しいと考える。水素イオンは酢酸が電離したものなので，酢酸の電離平衡から求める。

$$CH_3COOH \rightleftarrows CH_3COO^- + H^+$$

$K_a=\dfrac{[CH_3COO^-][H^+]}{[CH_3COOH]}$ より，

$$[H^+]=K_a\frac{[CH_3COOH]}{[CH_3COO^-]}$$

$$=1.0\times10^{-4.7}\times\frac{0.10}{0.10}=1.0\times10^{-4.7}$$

したがって，$pH=-\log_{10}(1.0\times10^{-4.7})=4.7$

第3章　無機物質の性質と利用

14 典型元素 ①　(p.28〜p.29)

1 ① 濃塩酸　② 酸化マンガン(Ⅳ)　③ 下方　④ 水　⑤ 濃硫酸　⑥ 塩化水素　⑦ 水蒸気

解説　$4HCl + MnO_2 \longrightarrow MnCl_2 + 2H_2O + Cl_2\uparrow$

塩酸は揮発性であるから，反応で生じた塩素に混じって塩化水素も発生する。そのため，水の入った洗気びんの中を通して塩化水素をとり除き，次に濃硫酸の入った洗気びんの中を通して水蒸気を除去することで，乾燥したCl_2を**下方置換**で捕集することができる。

2 (1) ① $Cu + 2H_2SO_4 \longrightarrow CuSO_4 + 2H_2O + SO_2\uparrow$

② $C_{12}H_{22}O_{11} \longrightarrow 12C + 11H_2O$

③ $NaCl + H_2SO_4 \longrightarrow NaHSO_4 + HCl\uparrow$

④ $FeS + H_2SO_4 \longrightarrow FeSO_4 + H_2S\uparrow$

(2) ① ア　② イ　③ オ　④ エ

解説　(1) ① 水素よりイオン化傾向の小さいCuを溶かすのは，熱濃硫酸に酸化力があるため。

② スクロースに濃硫酸を加えると，白煙(水蒸気)が発生し，やがて真っ黒(C)になる。これは，スクロースの分子中の水素と酸素をH_2Oの形で濃硫酸が奪ったからである。

③ 揮発性の酸の塩＋不揮発性の酸 ⟶ 不揮発性の酸の塩＋揮発性の酸
（NaCl，H_2SO_4 ⟶ $NaHSO_4$，HCl）

④ 弱酸の塩＋強酸 ⟶ 強酸の塩＋弱酸
（FeS，H_2SO_4 ⟶ $FeSO_4$，H_2S）

重要事項　濃硫酸と希硫酸の違い

市販の硫酸は濃度約98％(約18mol/L)の濃硫酸で，これを水に溶かすと，多量の熱を発生して濃度の低い希硫酸になる。

濃硫酸の性質

① 不揮発性…揮発性の酸の塩に作用して揮発性の酸を遊離させる。

② 脱水作用…化合物からHとOをH_2Oの形で奪う。

③ 吸湿作用…吸湿性が強く，乾燥剤として用いられる。

④ 酸化作用…**熱濃硫酸**は水素よりイオン化傾向の小さいCu，Hg，Agを溶かす。

希硫酸の性質

強酸性…弱酸の塩に作用して弱酸を遊離させる。

3 (1) B．ウ　D．オ　E．カ　F．ク　(2) イ　(3) エ

解説　(1) ⓐ ア〜クのうち，NOは水に溶けにくいが，他はすべて水に溶けやすい。また，水に溶けやすい気体のうち，NH_3の水溶液は塩基性を示すが，他はすべて酸性を示す。

ⓑ $FeS + H_2SO_4 \longrightarrow FeSO_4 + H_2S\uparrow$

ⓒ $NH_3 + HCl \longrightarrow NH_4Cl$(白色微結晶)

ⓓ $Cu + 2H_2SO_4 \xrightarrow{加熱} CuSO_4 + 2H_2O + SO_2\uparrow$

ⓔ $AgNO_3 + HCl \longrightarrow AgCl\downarrow + HNO_3$

ⓕ $Ca(OH)_2 + CO_2 \longrightarrow CaCO_3\downarrow + H_2O$

さらにCO_2を加えると，

$CO_2 + H_2O + CaCO_3 \longrightarrow Ca(HCO_3)_2$

ⓖ $Cu + 4HNO_3 \longrightarrow Cu(NO_3)_2 + 2H_2O + 2NO_2\uparrow$

(2) 水に溶けにくい気体は水上置換，水に溶けやすく空気より軽い気体は上方置換，重い気体は下方置換で集める。

(3) 塩基性の気体は，酸性の乾燥剤だと反応してしまうので，塩基性，あるいは中性のもので乾燥させる。ただし，$CaCl_2$はアンモニアと$CaCl_2 \cdot 8NH_3$の化合物をつくるため不適である。

15 典型元素 ②　(p.30〜p.31)

1 ① CO_2　② $NaHCO_3$　③ Na_2CO_3　④ $Ca(OH)_2$　⑤ NH_3

解説　**アンモニアソーダ法**によるNa_2CO_3の製法である。

$NaCl + CO_2 + NH_3 + H_2O \longrightarrow NaHCO_3\downarrow + NH_4Cl$ ……①

$2NaHCO_3 \longrightarrow Na_2CO_3 + H_2O + CO_2$ ……②

$CaCO_3 \longrightarrow CaO + CO_2$ ……③

$CaO + H_2O \longrightarrow Ca(OH)_2$ ……④

$Ca(OH)_2 + 2NH_4Cl \longrightarrow CaCl_2 + 2H_2O + 2NH_3$ ……⑤

②式で発生したCO_2，⑤式で発生したNH_3は再び①式の反応に利用される。

①式×2＋②式＋③式＋④式＋⑤式より，

$2NaCl + CaCO_3 \longrightarrow Na_2CO_3 + CaCl_2$

つまり，NaCl，$CaCO_3$が消費され，Na_2CO_3，$CaCl_2$が生成する。

2 **エ**

解説 ⓐ Mg は冷水とは反応しない。熱水と反応して水素を発生する。

ⓒアルカリ金属である Na の炭酸塩 Na_2CO_3 は水に溶けやすい。

ⓓアルカリ金属，アルカリ土類金属の炭酸水素塩を強く加熱すると，分解して CO_2 を発生する。

$2NaHCO_3 \longrightarrow Na_2CO_3+H_2O+CO_2\uparrow$

$Ca(HCO_3)_2 \longrightarrow CaCO_3+H_2O+CO_2\uparrow$

ⓔ $MgSO_4$ は水に溶けやすい。

> **重要事項　炎色反応**
>
> Li→赤，Na→黄，K→赤紫，Rb→赤，Cs→淡青，Ca→橙赤（とうせき），Sr→紅(深赤)，Ba→黄緑

3 **① $Pb(NO_3)_2$ (Pb^{2+})　② $PbSO_4$　③ $PbCl_2$　④ $PbCrO_4$　⑤ PbS　⑥ $Pb(OH)_2$**

解説 Pb→①

$Pb+2HNO_3 \longrightarrow Pb(NO_3)_2+H_2\uparrow$

①→② $Pb(NO_3)_2+H_2SO_4 \longrightarrow PbSO_4\downarrow+2HNO_3$

①→③ $Pb(NO_3)_2+2HCl \longrightarrow PbCl_2\downarrow+2HNO_3$

①→④ $Pb(NO_3)_2+K_2CrO_4 \longrightarrow PbCrO_4\downarrow+2KNO_3$

①→⑤ $Pb(NO_3)_2+H_2S \longrightarrow PbS\downarrow+2HNO_3$

①→⑥ $Pb(NO_3)_2+2NaOH \longrightarrow Pb(OH)_2\downarrow+2NaNO_3$

$Pb(OH)_2$ は過剰の NaOHaq に溶ける。

$Pb(OH)_2+2NaOH \longrightarrow Na_2[Pb(OH)_4]$

4 **① $AlCl_3$ (Al^{3+})　② Al_2O_3　③ $Al(OH)_3$**

解説 Al→① $2Al+6HCl \longrightarrow 2AlCl_3+3H_2$

Al→② $4Al+3O_2 \longrightarrow 2Al_2O_3$

①→③ $AlCl_3+3NaOH \longrightarrow Al(OH)_3\downarrow+3NaCl$

$Al(OH)_3$ は過剰の NaOHaq に溶ける。

$Al(OH)_3+NaOH \longrightarrow Na[Al(OH)_4]$

> **重要事項　両性金属**
>
> Al，Sn，Pb，Zn は酸にも強塩基にも溶けるので**両性金属**である。これらの酸化物，水酸化物もそれぞれ両性酸化物，両性水酸化物である。

5 **(1) Pb^{2+}　(2) Ba^{2+}，Pb^{2+}　(3) Al^{3+}，Pb^{2+}　(4) Na^+**

解説 (1) $Pb^{2+}+2Cl^- \longrightarrow PbCl_2\downarrow$

(2) $Ba^{2+}+SO_4^{2-} \longrightarrow BaSO_4\downarrow$

$Pb^{2+}+SO_4^{2-} \longrightarrow PbSO_4\downarrow$

(3) $Al^{3+}+3OH^- \longrightarrow Al(OH)_3\downarrow$

$Al(OH)_3+OH^- \longrightarrow [Al(OH)_4]^-$

$Pb^{2+}+2OH^- \longrightarrow Pb(OH)_2$

$Pb(OH)_2+2OH^- \longrightarrow [Pb(OH)_4]^{2-}$

(4) Na の炎色反応の色は黄色，Ba の炎色反応の色は黄緑色である。

6 **1.0×10^3 kg**

解説 $Al^{3+}+3e^- \longrightarrow Al$

電子 3 mol の電気量が流れるとアルミニウム 1 mol が生成する。1 時間は 3600 秒なので，

電気量〔C〕＝電流〔A〕×時間〔s〕

$=3.0\times10^4\times3600\times100$〔C〕

電子 1 mol 分の電気量の大きさは 9.65×10^4C なので，流れた電子の物質量は，

$$\frac{3.0\times10^4\times3600\times100\,[\mathrm{C}]}{9.65\times10^4\,[\mathrm{C/mol}]}=\frac{1.08\times10^6}{9.65}\,[\mathrm{mol}]$$

$$27\,[\mathrm{g/mol}]\times\frac{1}{3}\times\frac{1.08\times10^6}{9.65}\,[\mathrm{mol}]$$

$$\fallingdotseq 1.0\times10^6\,[\mathrm{g}]=1.0\times10^3\,[\mathrm{kg}]$$

⑯ 遷移元素 ①

(p.32〜p.33)

1 **① $K_3[Fe(CN)_6]$ ($[Fe(CN)_6]^{3-}$)　② $K_4[Fe(CN)_6]$ ($[Fe(CN)_6]^{4-}$)　③ KSCN (SCN^-)　④ $Fe(OH)_2$　⑤ 還元　⑥ 酸化**

解説 Fe^{2+}は酸化されやすく，空気中に放置すると Fe^{3+}になる。

$4Fe^{2+}+4H^++O_2 \longrightarrow 4Fe^{3+}+2H_2O$

Fe^{2+}，Fe^{3+}は $[Fe(CN)_6]^{3-}$，$[Fe(CN)_6]^{4-}$と反応して濃青色の沈殿を生じる。これは，Fe^{2+}，Fe^{3+}の検出反応として用いられる。また，Fe^{3+}は SCN^-と反応して血赤色溶液になるが，これも Fe^{3+}の検出反応である。

重要事項　Fe^{2+}，Fe^{3+}の検出

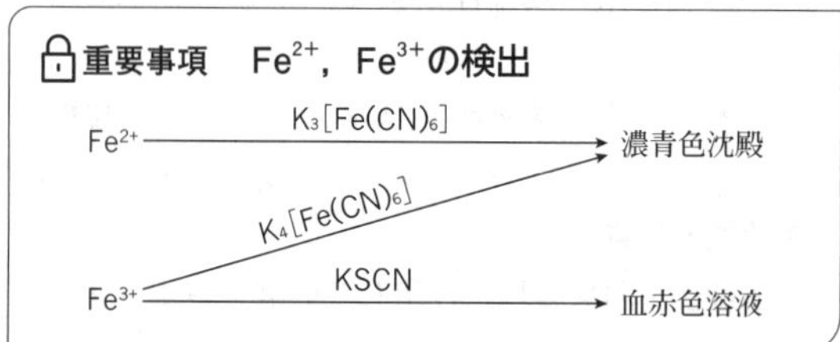

2 **ア，ウ，エ，カ**

解説 遷移元素はすべて金属で，硬く，融点が高い。最外殻電子数は主に2個（1個のものもある）で，同族元素は典型元素ほど似ていない。周期表上の左右の元素と似る傾向にある。一般にイオン化傾向は小さく，典型元素に比べて安定である。不規則な酸化数をもち，酸化剤・還元剤になるものが多い。

3 **①配位　②4　③6　④正四面体**
⑤正八面体
A．(化学式) $[Zn(OH)_4]^{2-}$
(名称)テトラヒドロキシド亜鉛(Ⅱ)酸イオン
B．(化学式) $[Fe(CN)_6]^{3-}$
(名称)ヘキサシアニド鉄(Ⅲ)酸イオン

解説 配位数が4なら構造は平面正方形か正四面体となり，6なら正八面体を考える。錯イオンの名称は，まず配位数，そして配位子の名称，金属イオン(酸化数)の順につける。また，錯イオン全体が陰イオンの場合は，イオンの前に「酸」をつける。

4 **(1) A．$FeSO_4 \cdot 7H_2O$　B．$Fe(OH)_2$**
C．Fe_2O_3　D．$FeCl_3 \cdot 6H_2O$
(2) a．$Fe + H_2SO_4 \longrightarrow FeSO_4 + H_2$
b．$Fe_2O_3 + 6HCl \longrightarrow 2FeCl_3 + 3H_2O$
c．$2FeCl_3 + H_2S \longrightarrow 2FeCl_2 + 2HCl + S$
($2Fe^{3+} + H_2S \longrightarrow 2Fe^{2+} + 2H^+ + S\downarrow$)
(3) $2Fe^{2+} + Cl_2 \longrightarrow 2Fe^{3+} + 2Cl^-$

解説 (1) B．$\underset{(淡緑色)}{FeSO_4} + 2NaOH \longrightarrow \underset{(緑白色)}{Fe(OH)_2}\downarrow + Na_2SO_4$

(2) c．H_2Sは還元性を示す。

$H_2S \longrightarrow S + 2H^+ + 2e^-$ ……①

そのため，Fe^{3+}はFe^{2+}に変化する。

$Fe^{3+} + e^- \longrightarrow Fe^{2+}$ ……②

①＋②×2より，

$2Fe^{3+} + H_2S \longrightarrow 2Fe^{2+} + 2H^+ + S$

(3) $2Fe^{2+} + Cl_2 \longrightarrow 2Fe^{3+} + 2Cl^-$
（Cl_2→$2Cl^-$：還元，$2Fe^{2+}$→$2Fe^{3+}$：酸化）

17 遷移元素 ②　(p.34～p.35)

1 **①$AgNO_3$　②無　③Ag_2S　④黒**
⑤Ag_2CrO_4　⑥暗赤　⑦Ag_2O　⑧褐
⑨AgI　⑩黄　⑪AgBr　⑫淡黄
⑬AgCl　⑭白　⑮$[Ag(NH_3)_2]^+$　⑯無

解説 Ag→①

$Ag + 2HNO_3 \longrightarrow AgNO_3 + H_2O + NO_2\uparrow$

①→③ $2AgNO_3 + H_2S \longrightarrow Ag_2S\downarrow + 2HNO_3$

①→⑤ $2AgNO_3 + K_2CrO_4 \longrightarrow Ag_2CrO_4\downarrow + 2KNO_3$

①→⑦ $2AgNO_3 + 2OH^- \longrightarrow Ag_2O\downarrow + H_2O + 2NO_3^-$

①→⑨ $AgNO_3 + KI \longrightarrow AgI\downarrow + KNO_3$

①→⑪ $AgNO_3 + KBr \longrightarrow AgBr\downarrow + KNO_3$

①→⑬ $AgNO_3 + KCl \longrightarrow AgCl\downarrow + KNO_3$

⑦→① $Ag_2O + 2H^+ \longrightarrow 2Ag^+ + H_2O$

⑦→⑮ $Ag_2O + 4NH_3 + H_2O \longrightarrow 2[Ag(NH_3)_2]^+ + 2OH^-$

⑬→⑮ $AgCl + 2NH_3 \longrightarrow [Ag(NH_3)_2]^+ + Cl^-$

2 **(1)①・②Ag，Au(順不同)　③高　④大き**
⑤酸化力　⑥二酸化窒素　⑦青緑
(2) a．水素　b．配位
(3) $CuSO_4 \cdot 3H_2O$

解説 (1) 金，銀，銅は似た性質をもつ。

⑤ $Cu + 2H_2SO_4 \longrightarrow CuSO_4 + 2H_2O + SO_2\uparrow$

⑥ $Cu + 4HNO_3 \longrightarrow Cu(NO_3)_2 + 2H_2O + 2NO_2\uparrow$

(2) 酸素原子の非共有電子対がCu^{2+}との間で共有されて結合ができている→配位結合。

(3) 硫酸銅(Ⅱ)五水和物の構造は，図1のように4個の水分子が銅(Ⅱ)イオンと配位結合し，$[Cu(H_2O)_4]^{2+}$と硫酸イオンSO_4^{2-}とが比較的ゆるく配位結合している。そして，1個の水分子が$[Cu(H_2O)_4]^{2+}$とSO_4^{2-}との間で水素結合したものになっている。加熱により水分子がはずれ，次のように変化する。

$CuSO_4 \cdot 5H_2O \longrightarrow CuSO_4 \cdot nH_2O + (5-n)H_2O$

$CuSO_4 \cdot 5H_2O = 159.5 + 5 \times 18 = 249.5$より，1.03g中の水分子1個分の質量は，

$1.03 \times \frac{18}{249.5} \fallingdotseq 0.074$〔g〕

A点までに$1.03 - 0.88 = 0.15$〔g〕減少し，さらにB点までに$1.03 - 0.73 = 0.30$〔g〕，C点までに$1.03 - 0.65 = 0.38$〔g〕減少していることから，

A点　$\frac{0.15}{0.074} \fallingdotseq 2.03$　2個

B点　$\frac{0.30}{0.074}$≒4.05　4個

C点　$\frac{0.38}{0.074}$≒5.14　5個

A点では，5個の水和水のうち，約2個分にあたる質量が減少していることになる。したがって，$CuSO_4 \cdot 3H_2O$

3 (1) ① AgCl　② CuS　③ ZnS　④ Ca^{2+}
(2) $K_4[Fe(CN)_6]$
(3) $[Zn(NH_3)_4]^{2+}$，Ca^{2+}

解説

(1)
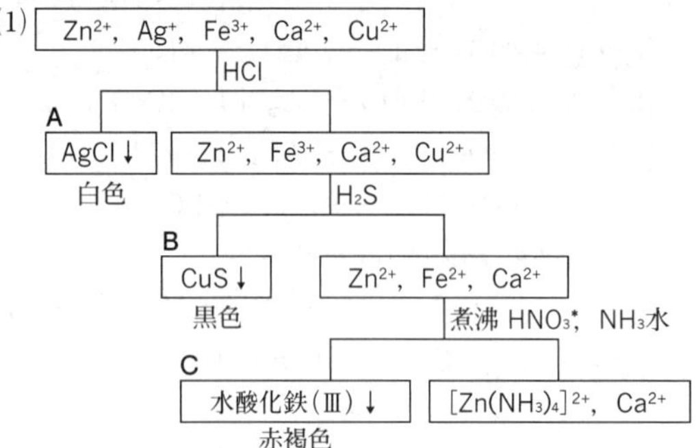

＊HNO_3を加えるのは，H_2SでFe^{3+}がFe^{2+}に還元されているので，酸化させてFe^{3+}にもどすためである。煮沸するのはH_2Sを追い出すためである。Zn^{2+}はNH_3水により$[Zn(NH_3)_4]^{2+}$になっていることに注目。

(2) Fe^{3+}はヘキサシアニド鉄(Ⅱ)酸カリウム水溶液を加えると濃青色の沈殿を生じる。

18 無機物質と人間生活 (p.36〜p.37)

1 ① Fe　② Al　③ さび　④ 融点　⑤ 電気
⑥ 無害　⑦ 5　⑧ 10　⑨ 金属

解説　合金にすることにより，それぞれの金属とは異なる性質をもつようになる。合金はさまざまな分野で利用され，生活の中に溶け込んでいる。

> 参考　合　金
> 身のまわりにあるさまざまな合金をチェックしてみよう。　例　硬貨，食器，楽器，工具など

2 (1) ウ　(2) オ　(3) ア　(4) カ

解説　(1) 白銅は，合金の一種で加工性に優れており，50円硬貨や100円硬貨などに用いられる。

(3) アモルファスは，強靭性(きょうじんせい)，耐腐食性など，通常の金属にない性質をもっている。

(4) 代表的な超伝導合金としてニオブ-チタン合金がある。リニアモーターカーにも利用され，送電，電力貯蔵への応用など，さまざまな超伝導体の研究が進められている。

3 ① H_2O　② Zn^{2+}　③ $4e^-$　④ O_2　⑤ Fe^{2+}
⑥ OH^-

解説　トタンは鉄板に亜鉛をめっきしたもの。ブリキは鉄板にスズをめっきしたもの。それぞれの用途に応じて用いられている。**4** 参照

4 ① オ　② イ　③ ウ　④ ア

解説　トタンに傷がついた場合，鉄よりもイオン化傾向が大きい亜鉛が先に水や酸素と反応してイオンとなって溶け出すため，露出した鉄は錆(さ)びにくい。

ブリキは傷がつくと，スズよりもイオン化傾向が大きい鉄の腐食が進んでしまう。

5 (1) ホウケイ酸ガラス　(2) コンクリート
(3) ソーダ石灰ガラス
(4) ファインセラミックス　(5) 磁器

解説　無機物質を高温に熱してつくられた非金属の固体材料をセラミックスという。セラミックスには，セメント，ガラス，陶磁器などの種類がある。

> 参考　ファインセラミックス
> 高純度にした無機物質を原料とし，精密な条件で焼き固めたもの。
> 例　アルミナ Al_2O_3，ジルコニア ZrO_2，
> 炭化ケイ素(カーボランダム) SiC

6 イ

解説　ア．正しい。この操作をめっきという。

イ．光触媒はチタンの単体でなく，酸化チタン。光による反応で汚れを除去できるのでビルの外壁などに用いられている。

ウ．正しい。ほかに，パラジウムは水素吸蔵合金や水素を精製する膜に用いられている。

> 参考　光触媒
> 酸化チタン TiO_2 は紫外線を吸収することによって強い酸化作用を示し，有機物を分解する。脱臭効果，抗菌効果，防汚効果がある。

第4章 | 有機化合物の性質と利用

⑲ 有機化合物の特徴と構造 (p.38〜p.39)

1 ① ヒドロキシ基 ② アルコール ③ $-CHO$ ④ アルデヒド ⑤ ケトン ⑥ カルボキシ基 ⑦ ニトロ基 ⑧ $-NH_2$ ⑨ スルホ基 ⑩ エーテル ⑪ エステル

解説 炭化水素の水素原子1個を原子団$-OH$で置き換えた構造の化合物をアルコールといい，互いに似た性質をもつ。このような，化合物の性質を決める原子団を**官能基**という。$-OH$がベンゼン環に直接結合したものはフェノール類とよばれ，アルコールとは異なる性質をもつようになる。

2 ア，エ，オ

解説 **ア**．有機化合物には必ず炭素が含まれており，共有結合による分子性物質である。分子間力は弱いため，融点・沸点は低い。

イ．1828年，ウェーラーにより無機物から有機物を合成できることが示された。

$$\underset{\text{シアン酸アンモニウム}}{NH_4OCN} \longrightarrow \underset{\text{尿素}}{CO(NH_2)_2}$$

なお，シアン化物やシアン酸塩は炭素を含むが，無機物である。

ウ．イオン結晶の特徴である。

エ．分子式が同じでも構造式が異なる**異性体**が存在する。

オ．有機化合物の主な成分元素である炭素，水素は酸素と共有結合をつくりやすい元素であるため，可燃性のものが多い。

3 ① エ ② イ ③ ア ④ オ ⑤ ウ

解説 炭素の原子価が4であり，炭素原子どうしが共有結合をつくることで，鎖状や環状など，多様な構造の化合物ができる。また，単結合だけでなく，二重結合や三重結合を形成することもある。

4 (組成式)CH_2O (分子式)$C_2H_4O_2$

解説 試料6.00 mg中に含まれているC，H，Oの質量を求める。

Cの質量$(W_C)=8.80\times\dfrac{12}{44}=2.40$〔mg〕

Hの質量$(W_H)=3.60\times\dfrac{2}{18}=0.40$〔mg〕

Oの質量$(W_O)=6.00-(W_C+W_H)=3.20$〔mg〕

次に，C，H，Oの原子数の比(最も簡単な整数比)を求める。

$$C:H:O=\frac{W_C}{12}:\frac{W_H}{1.0}:\frac{W_O}{16}$$
$$=\frac{2.40}{12}:\frac{0.40}{1.0}:\frac{3.20}{16}=1:2:1$$

したがって，組成式は CH_2O

$(CH_2O)_n=30n≒60$　$n≒2$

よって，分子式は $(CH_2O)_2=C_2H_4O_2$

重要事項　組成式・分子式の決定

① 分析結果より成分元素の質量を求める。
② 成分元素の質量をそれぞれの原子量で割って原子数の比を求める。
③ ②を最も簡単な整数比にする。
　→組成式(実験式)が決定。
④ 分子量を③の組成式の式量で割って整数を求める。　分子量＝組成式の式量×整数

5 $C_4H_{10}O$

解説 元素分析の結果より，C，H，Oの原子数の比を求める。

$$C:H:O=\frac{64.9}{12}:\frac{13.5}{1.0}:\frac{21.6}{16}$$
$$≒5.40:13.5:1.35=4:10:1$$

$\longrightarrow$ 組成式 $C_4H_{10}O$

次に，分子量を求める。同温同圧の気体の密度は分子量に比例するから，$O_2=32$ より，この気体の分子量は，

$32\times2.3=73.6$

$(C_4H_{10}O)_n=74n=73.6$　$n≒1$

よって，分子式は $C_4H_{10}O$ である。

6 C_3H_6

解説 この炭化水素の組成式を C_nH_m とする。

$$C_nH_m+\frac{2n+\frac{m}{2}}{2}O_2 \longrightarrow nCO_2+\frac{m}{2}H_2O$$

題意より　$n:\dfrac{m}{2}=1:1$　$m=2n$

組成式は $C_nH_m \longrightarrow C_nH_{2n} \longrightarrow CH_2$

一方，0℃，1.013×10^5 Paで，この炭化水素の密度は1.88 g/L，気体のモル体積は種類によらず22.4 L/molだから，この炭化水素のモル質量は，

1.88〔g/L〕×22.4〔L/mol〕≒42.1〔g/mol〕

分子量≒42　$(CH_2)_{n'}=14n'≒42$　$n'≒3$

よって，分子式は$(CH_2)_3=C_3H_6$

⑳ 炭化水素 (p.40〜p.41)

1 ① $CH\equiv CH$　② CH_3CHO
③ $CHBr=CHBr$　④ $CHBr_2-CHBr_2$
⑤ $CH_2=CH-OCOCH_3$（CH に $OCOCH_3$ が結合）　⑥ $CH_2=CH-Cl$（CH に Cl が結合）
⑦ $CH_2=CH_2$　⑧ CH_3-CH_2Cl　⑨ CH_3-CH_3
㋐アセチレン　㋑アセトアルデヒド
㋒エチレン　㋓エタン　㋔酢酸ビニル
ⓐ付加　ⓑ付加　ⓒ重合　ⓓ付加重合
ⓔ付加重合　ⓕ置換

解説 $CaC_2 \longrightarrow$ ①

$CaC_2+2H_2O \longrightarrow CH\equiv CH+Ca(OH)_2$

①→②

$CH\equiv CH+H_2O \longrightarrow [CH_2=CH(OH)] \longrightarrow CH_3CHO$
　ビニルアルコール　アセトアルデヒド

ビニルアルコールは不安定で，すぐにアセトアルデヒドになる。

①→③ $CH\equiv CH+Br_2 \longrightarrow CHBr=CHBr$

③→④ $CHBr=CHBr+Br_2 \longrightarrow CHBr_2-CHBr_2$

①→⑤ $CH\equiv CH+CH_3COOH \longrightarrow CH_2=CH(OCOCH_3)$

①→⑥ $CH\equiv CH+HCl \longrightarrow CH_2=CH(Cl)$

①→C_6H_6 $3CH\equiv CH \longrightarrow C_6H_6$

①→⑦ $CH\equiv CH+H_2 \longrightarrow CH_2=CH_2$

⑦→⑧ $CH_2=CH_2+HCl \longrightarrow CH_3-CH_2Cl$

⑦→⑨ $CH_2=CH_2+H_2 \longrightarrow CH_3-CH_3$

⑨→⑧ $CH_3-CH_3+Cl_2 \longrightarrow CH_3-CH_2Cl+HCl$

⑦ →$\text{-}[CH_2-CH_2]_n\text{-}$

$nCH_2=CH_2 \longrightarrow \text{-}[CH_2-CH_2]_n\text{-}$

⑥→$\text{-}[CH_2-CH(Cl)]_n\text{-}$

$nCH_2=CH(Cl) \longrightarrow \text{-}[CH_2-CH(Cl)]_n\text{-}$

2 ① アルカン　② メタン　③ 高　④ 異性体
⑤ アルケン　⑥ エチレン　⑦ 二重　⑧ 付加
⑨ 三重　⑩ アルキン　⑪ アセチレン
⑫ アセトアルデヒド

解説 ④ 例えば，$n=4$ のアルカンには次の構造異性体が存在する。

−C−C−C−C−，　−C−C−C−（中央の C に −C− が結合）

⑫ アセチレンに水を付加すると，

$CH\equiv CH+H_2O \longrightarrow [CH_2=CH(OH)] \longrightarrow CH_3CHO$

$CH_2=CHOH$ は不安定で，すぐに CH_3CHO（アセトアルデヒド）になる。

3 (1) イ，ウ
(2) ① 3 種類　② 4 種類　③ 4 種類
(3) $C_3H_8+5O_2 \longrightarrow 3CO_2+4H_2O$

解説 (1) C−C 間に二重結合，三重結合をもつものは Br_2 を付加しやすいので，Br_2 の赤褐色を脱色する。

(2) ① C_5H_{12} の構造異性体は，

−C−C−C−C−C−，　−C−C−C−C−（2 番目の C に −C− が結合），　−C−C−C−（中央の C の上下に −C− が結合）

の 3 種類である。

② C_4H_9Cl の構造異性体は，

−C−C−C−C−Cl，　−C−C−C−C−（3 番目の C に Cl が結合），　−C−C−C−Cl（2 番目の C に −C− が結合），

−C−C−C−（中央の C の上に Cl，下に −C− が結合） の 4 種類である。

③ $C_3H_6Cl_2$ の構造異性体は，

−C−C−C−Cl（3 番目の C に Cl が結合），　−C−C−C（中央の C の上下に Cl が結合），　−C−C−C−（1 番目と 2 番目の C に Cl が結合），

−C−C−C−（1 番目と 3 番目の C に Cl が結合） の 4 種類である。

> **ミスポイント　構造異性体**
>
> メタンは正四面体構造であるから，
>
> −C−C−Ⓒ−C− と −C−C−Ⓒ−（Ⓒ の下に −C− が結合） は同一の物質である。
>
> X−C(H)(H)−Y と H−C(X)(H)−Y も同一の物質である。

4 (1) CH_4 (2) C_2H_4 (3) C_2H_2 (4) C_2H_4

解説 (1) メタンの構造は右に示す**正四面体**である。

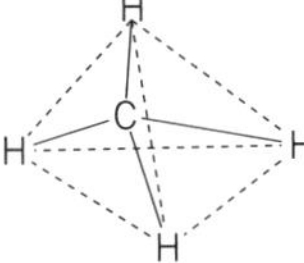

(2) エチレンの構造は**平面構造**である。

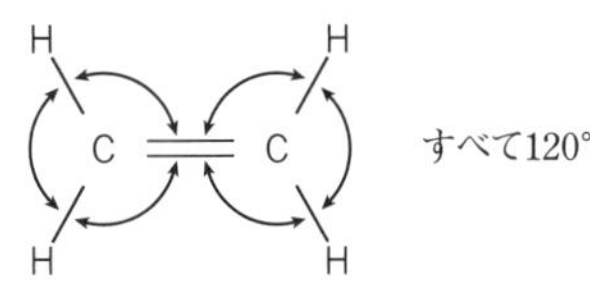

(3) アセチレンは**直線構造**である。H−C≡C−H

(4) H_3C / CH_3 C=C H / H と H_3C / H C=C H / CH_3

シス−2−ブテン　トランス−2−ブテン

は**シス−トランス異性体**である。

5 イ

解説 $C_nH_{2n+2}+\frac{3n+1}{2}O_2 \longrightarrow nCO_2+(n+1)H_2O$

より，アルカン 1 mol を完全燃焼させるのに酸素は $\frac{3n+1}{2}$〔mol〕必要である。一方，

$$C_3H_6+\frac{9}{2}O_2 \longrightarrow 3CO_2+3H_2O$$

より，プロピレン 1 mol を完全燃焼させるのに酸素は $\frac{9}{2}$mol 必要である。したがって，プロピレン $\frac{1}{3}$mol を完全燃焼するのに酸素は，

$$\frac{9}{2}\times\frac{1}{3}=\frac{3}{2}〔mol〕$$

必要である。題意より，

$$\frac{3n+1}{2}+\frac{3}{2}=5 \quad n=2$$

よって，アルカンの分子式は C_2H_6

21 アルコールと関連化合物 ① (p.42〜p.43)

1 ① C_2H_5ONa ② $C_2H_5OC_2H_5$
③ $CH_2=CH_2$ ④ CH_3CHO ⑤ CH_3COOH
⑥ $CH_3COOC_2H_5$
㋐エタノール ㋑アセトアルデヒド
㋒アセチレン ㋓酢酸 ㋔酢酸エチル
ⓐ脱水(縮合) ⓑ脱水 ⓒ酸化
ⓓエステル化(脱水縮合)

解説 C_2H_5OH→①
$2C_2H_5OH+2Na \longrightarrow 2C_2H_5ONa+H_2\uparrow$

C_2H_5OH→② $2C_2H_5OH \longrightarrow C_2H_5OC_2H_5+H_2O$

C_2H_5OH⇄③ $C_2H_5OH \rightleftarrows CH_2=CH_2+H_2O$

C_2H_5OH→④
$C_2H_5OH+(O) \longrightarrow CH_3CHO+H_2O$

④→C_2H_5OH $CH_3CHO+H_2 \longrightarrow C_2H_5OH$

CH≡CH→④ $CH\equiv CH+H_2O \longrightarrow CH_3CHO$

④→⑤ $CH_3CHO+(O) \longrightarrow CH_3COOH$

C_2H_5OH+⑤→⑥
$C_2H_5OH+CH_3COOH \longrightarrow CH_3COOC_2H_5+H_2O$

2 (1) A. $CH_3CH(OH)CH_3$ B. $CH_3OCH_2CH_3$
C. $CH_3CH_2CH_2OH$ D. CH_3COCH_3
E. CH_3CH_2CHO
(2) a. H_2 b. Cu_2O

解説 分子式が C_3H_8O である有機化合物には

$CH_3-CH_2-CH_2-OH$，$CH_3-CH(OH)-CH_3$，

$CH_3-O-CH_2-CH_3$

の 3 種類の構造異性体が考えられる。

B は金属ナトリウムと反応しないことより，エーテルである $CH_3OCH_2CH_3$ と考えられる。

第一級アルコールを酸化するとアルデヒドを生じ，第二級アルコールを酸化するとケトンを生じる。アルデヒドは還元性があるがケトンにはない。E はフェーリング液を還元して赤色沈殿(Cu_2O)を生じたことより，E がアルデヒドである。したがって，C が第一級アルコールであると推定できる。

$CH_3CH_2CH_2OH+(O) \longrightarrow CH_3CH_2CHO+H_2O$
(C)　　　　　　　(E)

$CH_3CH(OH)CH_3+(O) \longrightarrow CH_3COCH_3+H_2O$
(A)　　　　　　　(D)

重要事項　アルコールの酸化
第一級アルコール ⟶ アルデヒド
第二級アルコール ⟶ ケトン
第三級アルコールは酸化されにくい。

3 $p=3$ $q=8$

解説 $C_pH_qO+\frac{2p+\frac{q}{2}-1}{2}O_2 \longrightarrow pCO_2+\frac{q}{2}H_2O$

C_pH_qO 1 mol が完全燃焼すると CO_2，H_2O はそれぞれ p〔mol〕，$\frac{q}{2}$〔mol〕生成する。

$CO_2=44$, $H_2O=18$, 題意より,

$\left(18\times\frac{q}{2}\right)\times1.83=44\times p$　$q\fallingdotseq2.67p$

一方, C_pH_qO は1価アルコールであるから $C_pH_{q-1}OH$ で表され, さらに, 飽和1価アルコールは $C_pH_{2p+1}OH$ で表されるから,

$q-1=2p+1$　$2.67p-1\fallingdotseq2p+1$　$p\fallingdotseq2.99$

よって, $p=3$, $q=8$

ミスポイント　アルコールの示性式

鎖式飽和1価アルコールの示性式はアルカン C_nH_{2n+2} のH1個をOHで置きかえたものであるから $C_nH_{2n+1}OH$ で表される。

4　ア, イ, オ

解説　試料にヨウ素と水酸化ナトリウム水溶液を少量加えてあたためると, 特有の臭気をもつヨードホルム CHI_3 の**黄色沈殿**が生じる。これを**ヨードホルム反応**といい, $CH_3CH(OH)-R$, CH_3CO-R (Rは炭化水素基またはH)の構造をもつ物質に特有の反応である。

エタノールとメタノール, 1−プロパノールと2−プロパノールの識別はヨードホルム反応で行う。エタノール, 2−プロパノールはヨードホルム反応を示す。

5　(1) イ　(2) ウ, オ　(3) ア　(4) エ　(5) エ

解説　(1) $2C_2H_5OH \longrightarrow C_2H_5OC_2H_5+H_2O$

(2) 金属ナトリウムと反応するものは $-OH$ を有する。

(3) **銀鏡反応**を示すものは $-CHO$ を有する。

(4) 2−プロパノールを酸化するとアセトンになる。

(5) ヨードホルム反応を示すものは $CH_3CH(OH)-R$, CH_3CO-R (Rは炭化水素基またはH)の構造をもつ。

ミスポイント　エタノールの脱水

加熱する温度によって異なることに注意。

$2C_2H_5OH \xrightarrow{130℃} C_2H_5OC_2H_5+H_2O$

$C_2H_5OH \xrightarrow{160℃} CH_2=CH_2+H_2O$

6　(1) $CH_3CH_2CH(OH)CH_3$
(2) $CH_3CH_2CH(OH)CH_3$　(3) $(CH_3)_3COH$
(4) $CH_3CH_2CH_2CH_2OH$

解説　分子式が $C_4H_{10}O$ のアルコールは次の4種類である。

$CH_3-CH_2-CH_2-CH_2-OH$　第一級アルコール

$CH_3-CH_2-\text{Ⓒ}(CH_3)(H)-OH$　第二級アルコール

$CH_3-CH(CH_3)-CH_2-OH$　第一級アルコール

$CH_3-C(CH_3)_2-OH$　第三級アルコール

(1) **鏡像異性体**が存在するのは, **不斉炭素原子**(4個のそれぞれ異なる原子または原子団と結合している炭素原子)を有するもの。第二級アルコールのⒸが不斉炭素原子である。

(2) 酸化してケトンが生じるのは第二級アルコール。

(3) 酸化されにくいものは第三級アルコール。

(4) 酸化してアルデヒドが生じるのは第一級アルコール。

22 アルコールと関連化合物 ②　(p.44〜p.45)

1　① CH_3CHO　② CH_3COOH
③ $(CH_3CO)_2O$　④ $CH_3COOC_2H_5$
⑤ $(CH_3COO)_2Ca$　⑥ CH_3COCH_3
⑦ $CH_2=CH(OCOCH_3)$　⑧ CH_3COONa
㋐ 酢酸　㋑ 無水酢酸　㋒ 酢酸エチル
㋓ 酢酸カルシウム　㋔ アセトン
㋕ 酢酸ビニル　㋖ 酢酸ナトリウム
ⓐ 酸化　ⓑ エステル化　ⓒ 付加

解説　C_2H_5OH→①

$C_2H_5OH+(O) \longrightarrow CH_3CHO+H_2O$

①→②　$CH_3CHO+(O) \longrightarrow CH_3COOH$

②→③　$2CH_3COOH \longrightarrow (CH_3CO)_2O+H_2O$

C_2H_5OH+②→④

$CH_3COOH+C_2H_5OH \longrightarrow CH_3COOC_2H_5+H_2O$

②→⑤　$2CH_3COOH+Ca(OH)_2$
$\longrightarrow (CH_3COO)_2Ca+2H_2O$

⑤→⑥　$(CH_3COO)_2Ca \longrightarrow CaCO_3+CH_3COCH_3$

②→⑦

$CH\equiv CH+CH_3COOH \longrightarrow CH_2=CH(OCOCH_3)$

②→⑧　$2CH_3COOH+Na_2CO_3$
$\longrightarrow 2CH_3COONa+H_2O+CO_2\uparrow$

⑧→②　$CH_3COONa+HCl \longrightarrow CH_3COOH+NaCl$

2 ①イ　②エ　③カ　④ク　⑤ケ

解説　油脂は高級脂肪酸とグリセリンからなる**エステル**で，加水分解する。特に塩基による加水分解を**けん化**という。

油脂を水酸化ナトリウム水溶液でけん化すると，高級脂肪酸のナトリウム塩(セッケン)とグリセリンになる。セッケンは弱酸と強塩基の正塩であるので，水溶液にすると，加水分解して弱塩基性を示す。

重要事項　油脂の分類

脂肪…常温で固体。脂肪酸の不飽和度が低く(二重結合の数が少なく)，基本的に動物由来。

脂肪油…常温で液体。脂肪酸の不飽和度が高く(二重結合の数が多く)，基本的に植物由来。

3 ① HCOOH　② CH_3COOH　③ Cu_2O

④ HOOC　COOH / C=C / H　H　⑤ HOOC　H / C=C / H　COOH

a. 飽和　b. ホルミル(アルデヒド)

c. 不飽和　d. シス-トランス(幾何)

e. 無水マレイン酸(酸無水物)

解説　(1) ギ酸にはホルミル基が存在するので，還元性がある。

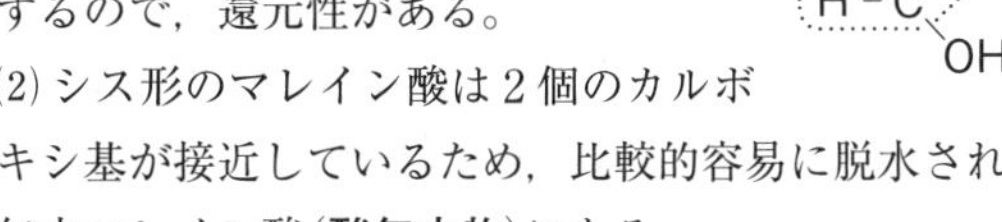

(2) シス形のマレイン酸は2個のカルボキシ基が接近しているため，比較的容易に脱水され，無水マレイン酸(**酸無水物**)になる。

ミスポイント　酸無水物

2価のカルボン酸で，2個のカルボキシ基が接近しているときは，簡単に脱水が起こり，**酸無水物**になる。

マレイン酸 ⟶ 無水マレイン酸 ＋ H_2O

フタル酸 ⟶ 無水フタル酸 ＋ H_2O

4 88

解説　脂肪酸のモル質量を M〔g/mol〕とすると，脂肪酸 0.44 g の物質量は $\frac{0.44}{M}$〔mol〕，0.10 mol/L の水酸化ナトリウム水溶液 50 mL 中の NaOH の物質量は，

$0.10\times\frac{50}{1000}$〔mol〕

1価の脂肪酸と NaOH は同じ物質量で反応する。

$\frac{0.44}{M}=0.10\times\frac{50}{1000}$　$M=88$〔g/mol〕

5 884

解説　油脂のけん化を化学反応式で表すと，

$$\begin{array}{l} CH_2OCOR_1 \\ | \\ CHOCOR_2 \\ | \\ CH_2OCOR_3 \end{array} + 3KOH \longrightarrow \begin{array}{l} CH_2OH \\ | \\ CHOH \\ | \\ CH_2OH \end{array} + \begin{array}{l} R_1COOK \\ R_2COOK \\ R_3COOK \end{array}$$

油脂 1 mol をけん化するのに KOH は 3 mol 必要。油脂のモル質量を M〔g/mol〕とすると，KOH＝56 より，

$\frac{1}{M}:\frac{190\times10^{-3}}{56}=1:3$　$M\fallingdotseq884$〔g/mol〕

6 (1) 4種類

(2) A. $HCOOCH(CH_3)_2$　B. HCOOH

C. $CH_3CH(OH)CH_3$　D. CH_3COCH_3

解説　(1) $C_4H_8O_2$ を－COO－と C_3H_8 として，エステル結合部分以外の C_3H_8 を H と C_3H_7，CH_3 と C_2H_5 にそれぞれ分けて考える。

$HCOOC_3H_7$ → $HCOOCH_2CH_2CH_3$，$HCOOCH(CH_3)_2$，

$CH_3COOC_2H_5$，$CH_3CH_2COOCH_3$

の4種類の異性体が存在する。

(2) 還元性を有するカルボン酸は**ギ酸**のみである。したがって，B は HCOOH である。

$C_4H_8O_2+H_2O \longrightarrow HCOOH+C_3H_8O$

C はアルコールで C_3H_7OH，ヨードホルム反応を示すから C は $CH_3CH(OH)CH_3$

$CH_3CH(OH)CH_3+(O) \longrightarrow CH_3COCH_3+H_2O$

D は CH_3COCH_3 でケトン(アセトン)であるから還元性はなく，銀鏡反応を示さない。

重要事項　エステルの構造決定

エステルの異性体は，アルコールとカルボン酸のアルキル基の炭素数の違いごとに数える。

各アルキル基の構造は，加水分解後のアルコールとカルボン酸の構造や反応から絞り込む。

㉓ 芳香族化合物 ①　(p.46〜p.47)

1 ① SO_3H　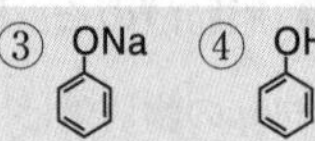② SO_3Na　③ ONa　④ OH

⑤ Cl　⑥ OH, COONa　⑦ OH, COOH

㋐ ベンゼンスルホン酸ナトリウム
㋑ フェノール　㋒ クロロベンゼン
㋓ サリチル酸
ⓐ 置換(スルホン化)　ⓑ 中和
ⓒ 置換(ハロゲン化，塩素化)

解説　(benzene)→①　(benzene) $+H_2SO_4 \longrightarrow$ (SO_3H) $+H_2O$

①→②　(SO_3H) $+NaOH \longrightarrow$ (SO_3Na) $+H_2O$

②→③　(SO_3Na) $+2NaOH \longrightarrow$ (ONa) $+Na_2SO_3+H_2O$

③→④　(ONa) $+H_2O+CO_2 \longrightarrow$ (OH) $+NaHCO_3$

(benzene)→⑤　(benzene) $+Cl_2 \longrightarrow$ (Cl) $+HCl$

⑤→③　(Cl) $+NaOH \longrightarrow$ (ONa) $+HCl$

③→⑥　(ONa) $+CO_2 \longrightarrow$ (OH, COONa)

⑥→⑦

2 (OH, COONa) $+H_2SO_4 \longrightarrow$ 2 (OH, COOH) $+Na_2SO_4$

2 (1) B　(2) A　(3) C　(4) A　(5) A　(6) B　(7) C　(8) B

解説　(1) エタノールは水とどんな割合でも溶け合うが，フェノールは水に少ししか溶けない。
(2) アルコールは中性の化合物。
(4) フェノール類は塩化鉄(Ⅲ)水溶液で，青紫〜赤紫色に呈色する。
(5) 塩基と反応して塩を生じる中和反応。
(6) エタノールを酸化するとアセトアルデヒドになる。
(7) $C_2H_5OH+(CH_3CO)_2O$
$\longrightarrow CH_3COOC_2H_5+CH_3COOH$

(OH) $+(CH_3CO)_2O \longrightarrow$ ($OCOCH_3$) $+CH_3COOH$

(8) $CH_3CH(OH)-R$，CH_3CO-R(R は炭化水素基または H)の構造をもつ化合物の検出反応であるヨードホルム反応。

3 (1) 4 種類　(2) 5 種類

解説　(1) ベンゼンの一置換体と考えると
C_8H_{10} ⇨ $C_6H_5-C_2H_5$ より，(C_2H_5)
二置換体と考えると C_8H_{10} ⇨ C_6H_4 と C_2H_6
C_2H_6 を 2 つの $-CH_3$ に分けると，
(CH_3, CH_3)，(CH_3, CH_3)，(CH_3, CH_3)

(2) 一置換体と考えると C_7H_8O ⇨ C_6H_5 と CH_3O より，
(CH_2OH) と (OCH_3)
二置換体と考えると C_7H_8O ⇨ C_6H_4 と CH_4O
CH_4O を $-OH$ と $-CH_3$ に分けると，
(OH, CH_3)，(OH, CH_3)，(OH, CH_3)

ミスポイント　構造異性体
アルコールとエーテル，アルデヒドとケトン，カルボン酸とエステルはそれぞれ官能基の異なる**構造異性体**であることに注意する。

4 A. $CH_3-CH-CH_3$　B. $CH_3-C(CH_3)-O-O-H$
C. (OH)　D. CH_3COCH_3(C と D は順不同)
① 付加　② 不飽和

解説　$CH_2=CHCH_3+$ (benzene) $\longrightarrow$ $CH_3-CH-CH_3$
(クメン)

$CH_3-CH-CH_3$ $+O_2 \longrightarrow$ $CH_3-C(CH_3)-O-O-H$
(クメンヒドロペルオキシド)

$CH_3-C(CH_3)-O-O-H$ $\xrightarrow{H^+}$ (OH) $+CH_3COCH_3$

5 ① ONa　② OH, COONa　③ OH, COOH
④ $OCOCH_3$, COOH　⑤ OH, $COOCH_3$　⑥ OH, COONa
⑦ ONa, COONa

㋐ フェノール　㋑ サリチル酸ナトリウム
㋒ サリチル酸　㋓ サリチル酸ナトリウム
ⓐ 中和　ⓑ アセチル化(エステル化)
ⓒ エステル化　ⓓ 中和

解説 (フェノール)→① $C_6H_5OH + NaOH \longrightarrow C_6H_5ONa + H_2O$

①→② $C_6H_5ONa + CO_2 \longrightarrow C_6H_4(OH)COONa$

②→③

$$2C_6H_4(OH)COONa + H_2SO_4 \longrightarrow 2C_6H_4(OH)COOH + Na_2SO_4$$

③→④ $C_6H_4(OH)COOH + (CH_3CO)_2O$

$$\longrightarrow C_6H_4(OCOCH_3)COOH + CH_3COOH$$

③→⑤ $C_6H_4(OH)COOH + CH_3OH \longrightarrow C_6H_4(OH)COOCH_3 + H_2O$

③→⑥

$$C_6H_4(OH)COOH + NaHCO_3 \longrightarrow C_6H_4(OH)COONa + H_2O + CO_2$$

酸の強さはカルボン酸＞炭酸＞フェノールであるから，フェノールは $NaHCO_3$ と反応しないが，カルボン酸は $NaHCO_3$ と反応する。

⑥→③ $C_6H_4(OH)COONa + HCl \longrightarrow C_6H_4(OH)COOH + NaCl$

③→⑦ $C_6H_4(OH)COOH + 2NaOH \longrightarrow C_6H_4(ONa)COONa + 2H_2O$

⑦→③ $C_6H_4(ONa)COONa + 2HCl \longrightarrow C_6H_4(OH)COOH + 2NaCl$

> **重要事項　酸の強さ**
> **カルボン酸 ＞ 炭酸 ＞ フェノール**
> $C_6H_4(OH)COOH + NaHCO_3 \longrightarrow C_6H_4(OH)COONa + H_2O + CO_2$
> 強酸　弱酸の塩　強酸の塩　弱酸

6 **76%**

解説 $C_6H_6 + HONO_2 \longrightarrow C_6H_5NO_2 + H_2O$

ベンゼン 1 mol からニトロベンゼン 1 mol が生成する。$C_6H_6=78$, $C_6H_5NO_2=123$ より，収率が 100% のときベンゼン 100 g から生成するニトロベンゼンを x〔g〕とすると，

$78:123=100:x$　$x≒157.7$〔g〕

ベンゼン 100 g からニトロベンゼンは 120 g 生成したので，収率は，

$\dfrac{120}{157.7}\times100≒76$〔%〕

㉔ 芳香族化合物 ②　(p.48～p.49)

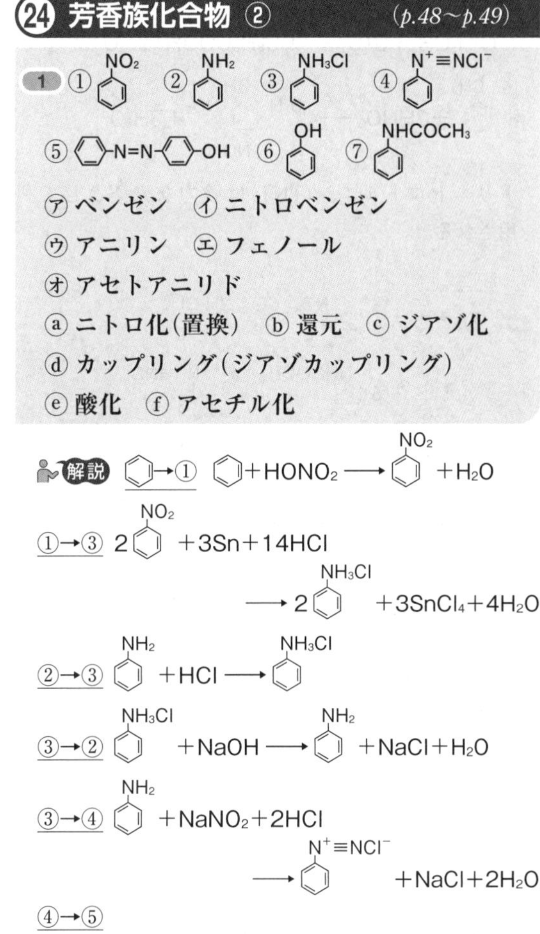

1 ① $C_6H_5NO_2$　② $C_6H_5NH_2$　③ $C_6H_5NH_3Cl$　④ $C_6H_5N^+{\equiv}NCl^-$
⑤ $C_6H_5\text{-}N{=}N\text{-}C_6H_4\text{-}OH$　⑥ C_6H_5OH　⑦ $C_6H_5NHCOCH_3$

㋐ベンゼン　㋑ニトロベンゼン
㋒アニリン　㋓フェノール
㋔アセトアニリド
ⓐニトロ化(置換)　ⓑ還元　ⓒジアゾ化
ⓓカップリング(ジアゾカップリング)
ⓔ酸化　ⓕアセチル化

解説 (ベンゼン)→① $C_6H_6 + HONO_2 \longrightarrow C_6H_5NO_2 + H_2O$

①→③ $2C_6H_5NO_2 + 3Sn + 14HCl$

$$\longrightarrow 2C_6H_5NH_3Cl + 3SnCl_4 + 4H_2O$$

②→③ $C_6H_5NH_2 + HCl \longrightarrow C_6H_5NH_3Cl$

③→② $C_6H_5NH_3Cl + NaOH \longrightarrow C_6H_5NH_2 + NaCl + H_2O$

③→④ $C_6H_5NH_2 + NaNO_2 + 2HCl$

$$\longrightarrow C_6H_5N^+{\equiv}NCl^- + NaCl + 2H_2O$$

④→⑤

$$C_6H_5N^+{\equiv}NCl^- + C_6H_5ONa \longrightarrow C_6H_5\text{-}N{=}N\text{-}C_6H_4\text{-}OH + NaCl$$

④→⑥ $C_6H_5N^+{\equiv}NCl^- + H_2O \longrightarrow C_6H_5OH + N_2\uparrow + HCl$

②→⑦

$$C_6H_5NH_2 + (CH_3CO)_2O \longrightarrow C_6H_5NHCOCH_3 + CH_3COOH$$

2 (1) フェノール，ウ　(2) ニトロベンゼン，イ
(3) アニリン，エ　(4) ベンゼンスルホン酸，オ
(5) 安息香酸(あんそくこうさん)，カ　(6) トルエン，ア

解説 (1) フェノール類は塩化鉄(Ⅲ)水溶液で青紫～赤紫色を呈色する。

(2) $C_6H_6 + HNO_3 \longrightarrow C_6H_5NO_2 + H_2O$

(3) アニリンにさらし粉水溶液を加えると赤紫色に呈色する。この反応はアニリンの検出法として利用される。

(4) $C_6H_6 + H_2SO_4 \longrightarrow C_6H_5SO_3H + H_2O$

$C_6H_5SO_3H$ は強酸である。

(5) ベンゼン環の側鎖の炭化水素基は酸化されると

カルボキシ基になる。

$C_6H_5CH_3 + 3(O) \longrightarrow C_6H_5COOH + H_2O$

(6) (トルエン) $+ 3HNO_3 \longrightarrow$ (2,4,6-トリニトロトルエン: CH_3, O_2N, NO_2, NO_2) $+ 3H_2O$

トリニトロトルエン(TNT)は強力な火薬として利用される。

3 ① アミノ　② (ニトロベンゼン NO_2)　③ (塩化アニリニウム NH_3Cl)
④ アミド　⑤ (アセトアニリド $NHCOCH_3$)　⑥ (塩化ベンゼンジアゾニウム $N^+{\equiv}NCl^-$)
⑦ ジアゾ化　⑧ (ベンゼン環)$-N{=}N-$(ベンゼン環)$-OH$
⑨ カップリング(ジアゾカップリング)
⑩ アゾ　⑪ アゾ化合物　⑫ 染料

解説　工業的には，触媒を用いて，ニトロベンゼンを水素で還元すると**アニリン**が得られる。

(ニトロベンゼン NO_2) $+ 3H_2 \longrightarrow$ (アニリン NH_2) $+ 2H_2O$

アニリンは弱塩基であるから，酸には塩をつくって溶ける。

(アニリン NH_2) $+ HCl \longrightarrow$ (NH_3Cl)

また，アミノ基は無水酢酸でアセチル化され，アミド結合($-NH-CO-$)を生じる。

(アニリン NH_2) $+ (CH_3CO)_2O \longrightarrow$ ($NHCOCH_3$) $+ CH_3COOH$

アニリンを塩酸に溶かして，冷却しながら亜硝酸ナトリウムを作用させていくと，ジアゾニウム塩の塩化ベンゼンジアゾニウムが生成する。

(アニリン NH_2) $+ NaNO_2 + 2HCl$
$\longrightarrow$ ($N^+{\equiv}NCl^-$) $+ NaCl + 2H_2O$

塩化ベンゼンジアゾニウムの水溶液にナトリウムフェノキシドの水溶液を加えると，$-N{=}N-$ (アゾ基)をもつアゾ化合物が生成する。

($N^+{\equiv}NCl^-$) $+$ (ONa) $\longrightarrow$ (ベンゼン環)$-N{=}N-$(ベンゼン環)$-OH + NaCl$

p－ヒドロキシアゾベンゼン
(*p*－フェニルアゾフェノール)

4 (1) キ　(2) ア

解説　芳香族化合物の多くは水に溶けにくく，有機溶媒に溶けやすい。しかし，塩をつくれば水によく溶ける。

(OH) $+ NaOH \longrightarrow$ (ONa) $+ H_2O$

($COOH$) $+ NaOH \longrightarrow$ ($COONa$) $+ H_2O$

(NH_2) $+ HCl \longrightarrow$ (NH_3Cl)

(ONa)，($COONa$)，(NH_3Cl)　などの塩は水によく溶ける。

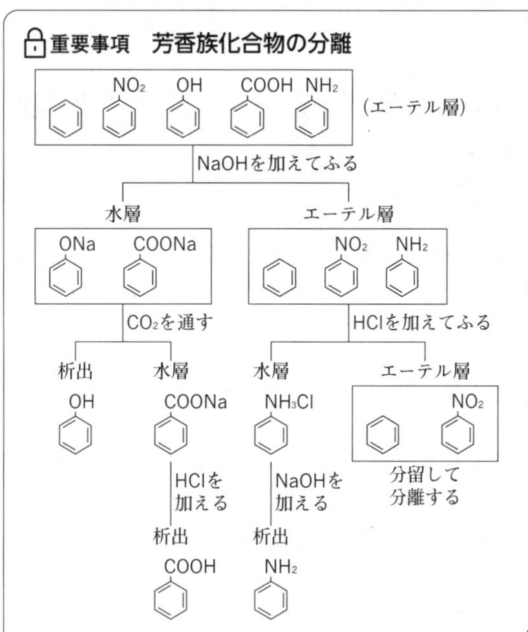

25 有機化合物と人間生活　(*p*.50〜*p*.51)

1 ① $C_6H_4(OCOCH_3)COOH$　② 解熱鎮痛
③ サリチル酸メチル　④ 狭心　⑤ ペニシリン
⑥ 葉酸合成　⑦ C_2H_5OH　⑧ H_2O_2

解説　対症療法薬は，症状を抑える医薬品である。サリチル酸は柳から見つかった物質で，解熱作用がある。医薬品として使用していたが，副作用が大きかったので，無水酢酸でアセチル化したアセチルサリチル酸(アスピリン)を経口投与の解熱鎮痛剤として使用するようになった。

また，メタノールでエステル化したサリチル酸メチルは，外用(塗布用)の消炎鎮痛剤として使用されている。フェナセチンやイブプロフェンなども同等の薬理作用がある。これらは，痛みの増幅や発熱，炎症を起こす物質を合成する酵素であるシクロオキシゲナーゼの活性を阻害する。

2 ① **化学療法薬** ② **抗生物質**
③ **対症療法薬** ④ **耐性菌**
(1)(a)③ (b)② (c)③ (d)③ (e)②
(2) **副作用**

解説 耐性菌とは，抗生物質に対して耐性を示す細菌で，MRSA(メチシリン耐性黄色ブドウ球菌)などが知られている。抗生物質を多く使用するときに出現しやすく，薬剤使用の多い病院でしばしば見られ，病院内感染のきっかけになることがある。

鏡像異性体(光学異性体)をもつ医薬品には，一方のみが薬理作用を示すものがある。この生物に対する働きは，旋光性と同様，鏡像異性体の特徴ととらえられている。

3 ① **直接** ②・③ **酸性，塩基性**(順不同)
④・⑤ **羊毛，絹**(順不同) ⑥ **建染め**(たてぞめ) ⑦ **酸化**
⑧ **木綿** ⑨ **インジゴ** ⑩ **金属** ⑪ **界面活性**

解説 繊維に染料の分子が化学的に結合することによって，繊維が染色される。すなわち，繊維と染料の官能基の関係で染色されやすさがわかる。羊毛や絹などのタンパク質系の繊維はアミノ酸残基の官能基が多様なため，様々な染料に染まりやすい。

カルミン酸は，羊毛には酸性染料として，木綿には媒染染料として染着する。このように繊維の素材によって，染色方法が異なるものもある。

4 **エ**

解説 エのみが正しい。繊維へ直接染着できない媒染染料の場合，繊維を金属塩の溶液に浸してから，金属イオンを介して染着する。他の選択肢で正しくない部分は，次の通り。

ア．貝の分泌液から得られる貝紫(パープル)，コチニールカイガラムシから得られるコチニール色素(カルミン酸)等動物由来の天然色素がある。

イ．アリザリンはセイヨウアカネから得られる赤色の色素。

ウ．アゾ染料はアニリンなどを原料とする合成染料。

オ．インジゴなどの水に不溶のものを還元して水溶性にし，繊維に染(し)みこませてから酸化して色をつけるのが建染めである。

㉖ 天然高分子化合物 ① (p.52〜p.53)

1 ① **ウ** ② **イ** ③ **ア** ④ **カ** ⑤ **オ**
⑥ **エ** ⑦ **キ**

解説 糖類には共通する一般式があるが，立体構造が異なるため，異なる性質を示す。

2 ①

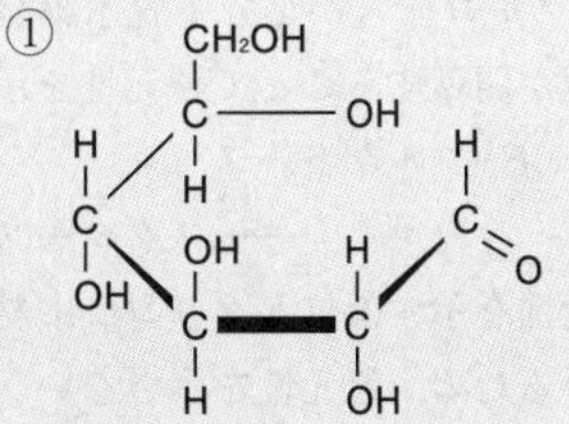

②

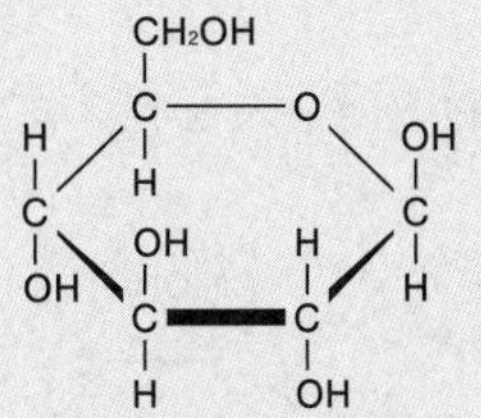

③

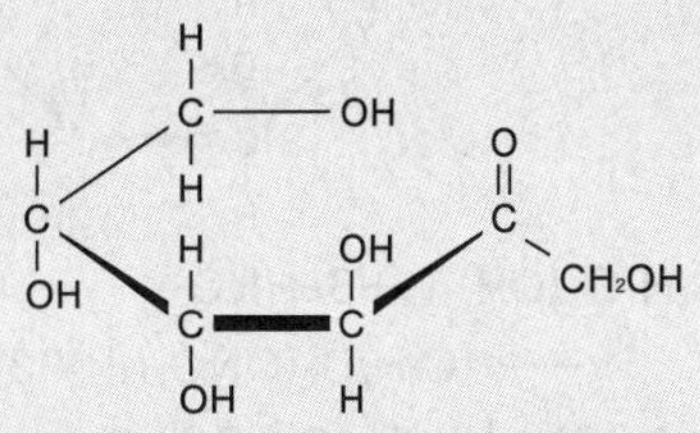

④

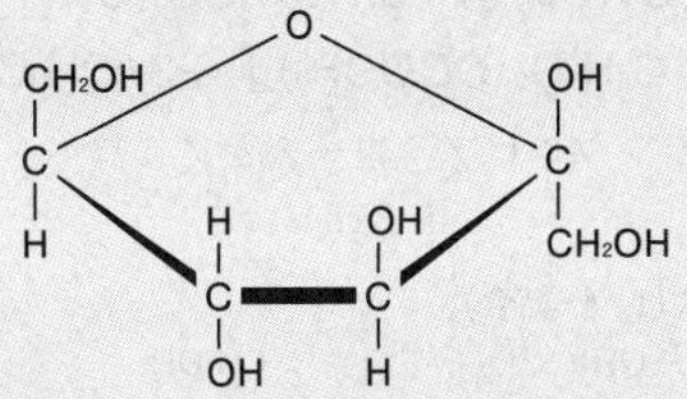

解説 α-グルコースとβ-グルコースでは，HとOHの向きの違いに注意すること。

3 (1) **A．試験管の壁面に銀が析出する。**
B．試験管の底に赤色沈殿が生じる。
(2) **A．銀鏡反応**
B．(フェーリング液の)還元
(3) ① **鎖状** ② **ホルミル(アルデヒド)**
(4) **ウ**

解説 (1) 銀鏡反応，フェーリング液で糖の還元性を調べることができる。フェーリング液の還元で沈殿するのは酸化銅(Ⅰ) Cu_2O (赤色)である。酸化銅(Ⅱ) CuO (黒色)と混同しないようにすること。
(3) 環状のグルコースやフルクトースに還元性はない。

4 ① **グリコシド** ② **示す**
③・④ **グルコース，フルクトース**(順不同)
⑤ **転化糖**
(1) **インベルターゼ(または スクラーゼ)**
(2) $C_{12}H_{22}O_{11}+H_2O \longrightarrow C_6H_{12}O_6+C_6H_{12}O_6$

解説 α-グルコース＋α-グルコース
⟶ マルトース＋水

マルトースはα-グルコースが2分子脱水縮合したものであり，末端が開環することで還元性を示す。

α-グルコース＋β-フルクトース
⟶ スクロース＋水

スクロースは還元性を示す部位がグリコシド結合によって失われているため，還元性を示さない。

5 ① **アミロース** ② **アミロペクチン**
③ **β-グルコース**
(1) ④ **アミラーゼ** ⑤

(2) ⑥ $[C_6H_7O_2(OH)_3]_n+3nHNO_3$
$\longrightarrow [C_6H_7O_2(ONO_2)_3]_n+3nH_2O$
⑦ $[C_6H_7O_2(OH)_3]_n+3n(CH_3CO)_2O$
$\longrightarrow [C_6H_7O_2(OCOCH_3)_3]_n+3nCH_3COOH$

解説 デンプンはアミロースとアミロペクチンの混合物。

アミロース(1, 4-**結合**)

アミロペクチン(1, 4-**結合**/1, 6-**結合**)

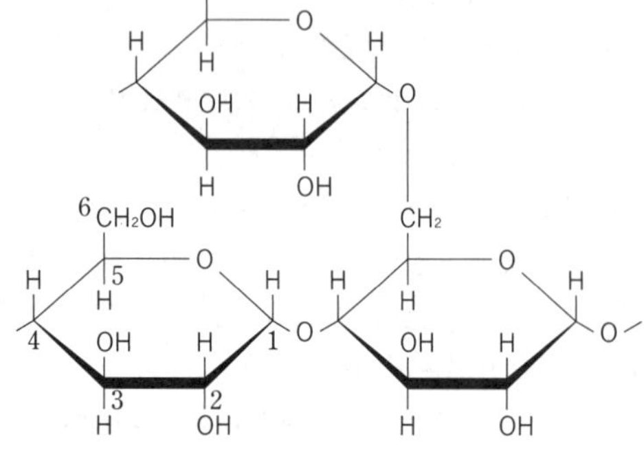

トリニトロセルロースは火薬の原料，トリアセチルセルロースを一部加水分解して得られるジアセチルセルロースはアセテートとして，それぞれ利用される。

27 天然高分子化合物 ② (p.54〜p.55)

1 ① ② H_2N ③ COOH
④ **ペプチド結合**

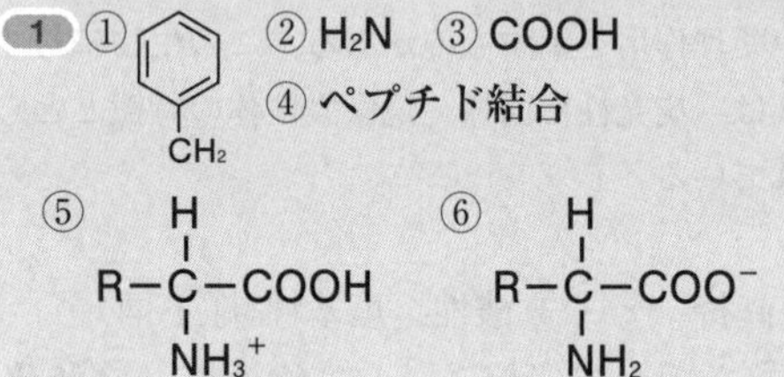

解説 アミノ酸はアミノ基とカルボキシ基を有する。水溶液中ではカルボキシ基の水素イオンが電離し，アミノ基の非共有電子対に配位するため，双性イオンの形をとっている。よって，酸性溶液中では$-COO^-$は$-COOH$の形で，塩基性溶液中では$-NH_3^+$は$-NH_2$の形で存在する。

2 ウ

解説 フェニルアラニンは等電点が5.5であるため，pH5.5で全体の電荷が0の状態になる。よって，pH7.0の状態ではH^+が失われるため，フェニルアラニンは右のような構造をとる。このように，カルボキシ基上に負の電荷が存在するため，陽極側に引き寄せられていく。

3 (1) ア (2) オ，キ (3) ウ，エ (4) ク (5) カ
(6) ウ，キ，ク

解説 アミノ酸は，グリシン以外は不斉炭素原子をもつため，鏡像異性体が存在する。

必須アミノ酸は，体内で合成できない，または合成しにくいアミノ酸で，食物により外部から摂取する必要がある。

4 ① **一次構造** ② **α-ヘリックス**(構造)
③ **β-シート**(構造) ④ **二次構造**
⑤ **水素結合** ⑥ **ジスルフィド** ⑦ **変性**

解説

α－ヘリックス(構造)　β－シート(構造)

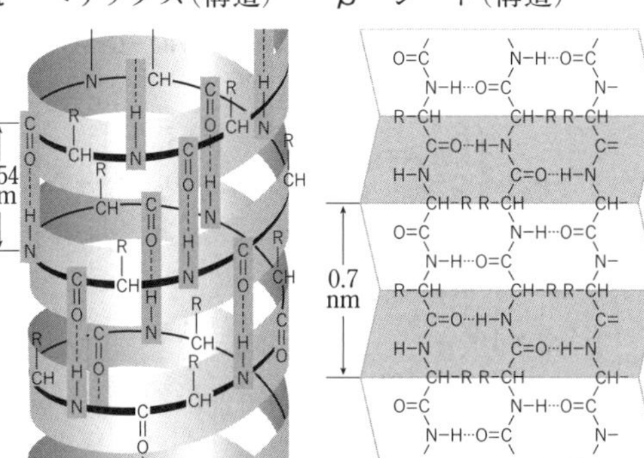

タンパク質は，らせんを巻いたポリペプチド鎖が水素結合で引き合い，その構造を維持している。タンパク質の分子量は，多くが数万～数百万であり，無数のアミノ酸が重合したものである。

5 (1) **複合タンパク質**
(2) **①ニンヒドリン反応**
②キサントプロテイン反応
③ビウレット反応
(3) **システイン，メチオニン(など)**

解説 (2) ニンヒドリン反応は，ニンヒドリンがアミノ酸によって還元され，紫色の色素に変化することで生じる。

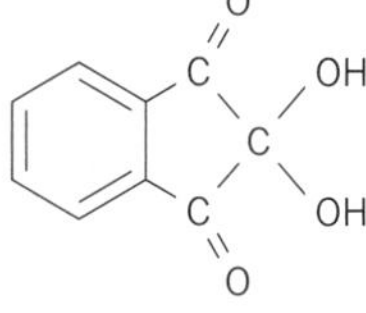

ニンヒドリン

キサントプロテイン反応は，タンパク質に含まれるアミノ酸のベンゼン環がニトロ化されることに由来する。アンモニア水を加えると橙黄(とうこう)色に変化する。一部のタンパク質(コラーゲンなど)では，ベンゼン環を有するアミノ酸をほとんど含まないため，キサントプロテイン反応では呈色しないこともある。
(3) 硫黄の検出反応。システインやメチオニンなどの硫黄を含むアミノ酸に酢酸鉛(Ⅱ)水溶液を加えると，PbS(黒色沈殿)が生じる。

㉘ 天然高分子化合物 ③ (p.56～p.57)

1 **(S)基質　(E)酵素　(E＋S)酵素基質複合体**

解説 酵素は加熱などにより失活しない限り，触媒として特定の反応を促進する。加熱や pH 変化により失活するのは，酵素の分子内の水素結合が切れて，構造を保持することができなくなるためである。酵素と基質の関係はカギとカギ穴の関係であり，反応する相手がすべて決まっている。
酵素を失活させるもの…熱，pH 変化，アルコール(有機溶剤)など

2 (1) **ア**　(2) **マルトース**
(3) **加熱による高温で，酵素が失活してしまったから。**
(4) ① **最適温度**　② **最適 pH**
(5) **希硫酸などの無機触媒を用いた場合。**
(6) **基質特異性**

解説 アミラーゼはだ液やすい液，ペプシンは胃液，トリプシンはすい液に含まれる酵素である。温度が上がりすぎると酵素は失活して触媒作用がなくなるが，無機触媒(金属など)は温度が高いほど活性が高まる。

3 (1) ① **ヌクレオチド**　② **デオキシリボース**
(2) **C，H，O，N，P，S**
(3) **(A)アデニン　(T)チミン　(G)グアニン**
(C)シトシン
(4) **(T)36%　(G)14%　(C)14%**

解説 (4) アデニンが 36% であるため，チミンの組成も 36% である。よって 72% はアデニンとチミンで占められるため，残り 28% がグアニンとシトシンであることがわかる。

4 ① **水素**　② **2**　③ **二重らせん**
④ **ウラシル**　⑤ **チミン**　⑥ **タンパク質**

解説 RNA ではチミンの代わりにウラシルが塩基として存在し，アデニンと相補的に結びつく。

29 合成高分子化合物 ① (p.58〜p.59)

1 ① **付加重合** ② **付加重合** ③ **開環重合**

④ $\left[\begin{array}{c}\mathrm{H}\ \ \mathrm{H}\\ -\mathrm{C}-\mathrm{C}-\\ \mathrm{H}\ \ \mathrm{H}\end{array}\right]_n$ ⑤ $\left[\begin{array}{c}\mathrm{H}\ \ \mathrm{H}\\ -\mathrm{C}-\mathrm{C}-\\ \mathrm{H}\ \ \mathrm{CN}\end{array}\right]_n$ ⑥ $\left[-\underset{\mathrm{H}}{\mathrm{N}}-(\mathrm{CH_2})_5-\underset{\mathrm{O}}{\overset{}{\mathrm{C}}}-\right]_n$

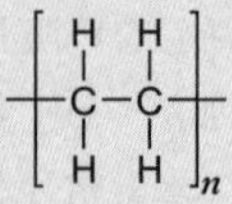

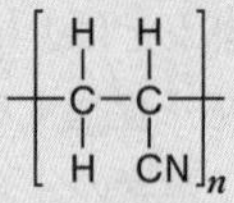

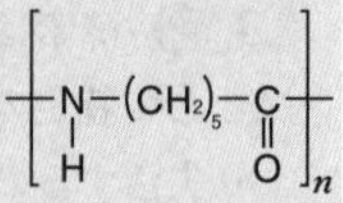

⑦ **ポリエチレン** ⑧ **ポリアクリロニトリル**

⑨ **ナイロン6**

解説 ポリエチレンは最も簡単な合成高分子化合物であるが，合成時の条件により高密度ポリエチレン(HDPE)，低密度ポリエチレン(LDPE)をつくり分けることができる。ナイロン6は，炭素原子数が6個のナイロン(ポリアミド)のことである。

2 (1)

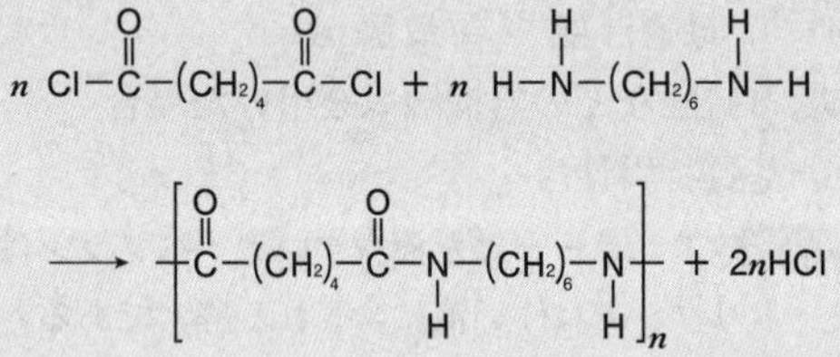

$$n\ \mathrm{Cl-\overset{O}{\overset{\|}{C}}-(CH_2)_4-\overset{O}{\overset{\|}{C}}-Cl}+n\ \mathrm{H-\overset{H}{\overset{|}{N}}-(CH_2)_6-\overset{H}{\overset{|}{N}}-H}$$

$$\longrightarrow \left[\mathrm{-\overset{O}{\overset{\|}{C}}-(CH_2)_4-\overset{O}{\overset{\|}{C}}-\underset{H}{\underset{|}{N}}-(CH_2)_6-\underset{H}{\underset{|}{N}}-}\right]_n + 2n\mathrm{HCl}$$

(2) **脱離したHClを中和し，反応を促進させるため。**

(3) **アミド結合**

(4) (式) $\dfrac{2.2\times10^4}{226}$ (答) **97**

解説 ナイロン66は，炭素数6の原料を用いて合成されるナイロンである。

(2) 実験室では，反応性の高いアジピン酸ジクロリドが用いられるが，HClが発生するため，中和及び反応促進を目的としてNaOHを加える。

(4) 重合度の計算では，まず，繰り返し単位の式量を求める。

ナイロン66の繰り返し単位は次の通りである。

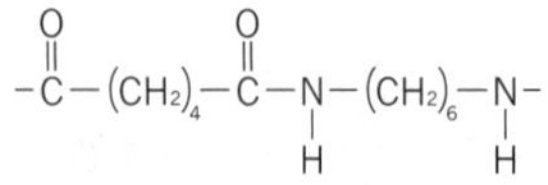

$$\mathrm{-\overset{O}{\overset{\|}{C}}-(CH_2)_4-\overset{O}{\overset{\|}{C}}-\underset{H}{\underset{|}{N}}-(CH_2)_6-\underset{H}{\underset{|}{N}}-}$$

Hが22個，Cが12個，Nが2個，Oが2個で構成されているため，その式量は，

$1.0\times22+12\times12+14\times2+16\times2=226$

平均分子量は 2.2×10^4 であるため，

$226\times n=2.2\times10^4\quad n=\dfrac{2.2\times10^4}{226}\fallingdotseq97.3$

四捨五入して，重合度 $n=97$ となる。

3 (1)

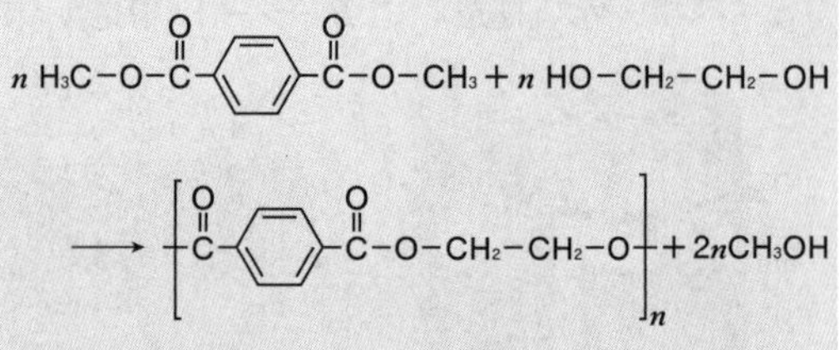

$$n\ \mathrm{H_3C-O-\overset{O}{\overset{\|}{C}}-C_6H_4-\overset{O}{\overset{\|}{C}}-O-CH_3}+n\ \mathrm{HO-CH_2-CH_2-OH}$$

$$\longrightarrow \left[\mathrm{-\overset{O}{\overset{\|}{C}}-C_6H_4-\overset{O}{\overset{\|}{C}}-O-CH_2-CH_2-O-}\right]_n+2n\mathrm{CH_3OH}$$

(2) **エステル結合**

(3) $\mathbf{3.2\times10^3\ g}$

(4) (式) $\dfrac{1.92\times10^4}{192}\times2$ (答) **200**

解説 (3) この縮合重合では，$2n$〔mol〕の CH_3OH が生成する。$n=50$ であれば100 molであるため，モル質量32 g/molより，

32〔g/mol〕×100〔mol〕=3200〔g〕

(4) エステル結合の数は，共重合の重合度 n に対して $2n$ である。繰り返し単位は，Hが8個，Cが10個，Oが4個で構成されているため，その式量は，

$1.0\times8+12\times10+16\times4=192$

重合度 $n=\dfrac{1.92\times10^4}{192}=100$

よって，エステル結合の数は，$2n=200$ となる。

4 (1) ① $\left[\begin{array}{c}\mathrm{H}\ \ \mathrm{H}\\ -\mathrm{C}-\mathrm{C}-\\ \mathrm{H}\ \ \mathrm{OCOCH_3}\end{array}\right]_n$ ② $\left[\begin{array}{c}\mathrm{H}\ \ \mathrm{H}\\ -\mathrm{C}-\mathrm{C}-\\ \mathrm{H}\ \ \mathrm{OH}\end{array}\right]_n$

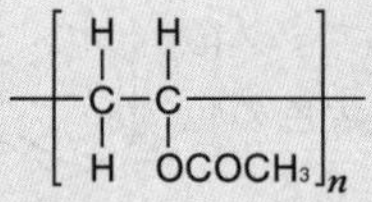

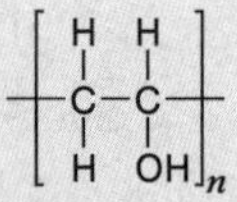

③ **ポリ酢酸ビニル** ④ **ポリビニルアルコール**

⑤ **ビニロン** ⑥ **NaOH** ⑦ **HCHO**

(2) **ヒドロキシ基がポリマー内に残っているため，適度な水分を分子内に保持することができるから。**

解説 ポリビニルアルコールは，ビニルアルコールからの直接重合では合成することができない。ビニルアルコールがアセトアルデヒドへと変化するためである。そのため，ポリ酢酸ビニルのけん化により合成される。ポリビニルアルコールのヒドロキシ基にホルムアルデヒドを反応させたものがビニロンであるが，すべてのヒドロキシ基がアセタール化されるわけではない。そのため，ある程度のヒドロキシ基がポリマー内に残っており，吸湿性をもつ理由となっている。

30 合成高分子化合物 ② (p.60～p.61)

1 ① **熱可塑性** ② **熱硬化性** ③ **イ** ④ **E** ⑤ **エ** ⑥ **D** ⑦ **ウ** ⑧ **C** ⑨ **ア** ⑩ **A** ⑪ **カ** ⑫ **G** ⑬ **キ** ⑭ **F** ⑮ **オ** ⑯ **B**

解説 各種ポリマーの性質はモノマーの分子構造に起因するため，あわせて理解すること。熱硬化性樹脂では分子構造が網目状になるため，ホルムアルデヒドとの共重合になる場合が多い。

重要事項

熱可塑性樹脂（鎖状，加熱により軟化）

ポリエチレン，ポリプロピレン，ポリスチレン，ポリ塩化ビニル，ポリ酢酸ビニル，ポリメタクリル酸メチル，ナイロンなど

熱硬化性樹脂（網目状，加熱で軟化しない）

フェノール樹脂，尿素樹脂，メラミン樹脂など

→架橋が促進され，硬化していく。

2 ① **スルホ** ② **ナトリウム** ③ **水素** ④ **塩化物** ⑤ **水酸化物** ⑥ **脱イオン水（純水）**

解説 イオン交換の反応は可逆性であるため，使用後の陽イオン交換樹脂は強酸で，陰イオン交換樹脂は強塩基で洗浄すると，再利用することができる。

3 （式）$c\text{〔mol/L〕}\times\frac{50}{1000}\text{〔L〕}$

$=0.10\text{〔mol/L〕}\times\frac{20}{1000}\text{〔L〕}$

（答）4.0×10^{-2} **mol/L**

解説 塩化ナトリウム水溶液のモル濃度を c〔mol/L〕とすると，モル濃度×体積＝物質量 であるため，過不足なく中和反応が起こるためには以下の関係が成り立つ必要がある。

$$c\text{〔mol/L〕}\times\frac{50}{1000}\text{〔L〕}=0.10\text{〔mol/L〕}\times\frac{20}{1000}\text{〔L〕}$$

したがって，$c=0.040$〔mol/L〕となる。

4 (1) ① **ノボラック** ② **レゾール**

(2) ③ （構造式：OH をもつベンゼン環が CH_2 で結合した網目構造）

OH CH₂ OH … CH₂ CH₂ … CH₂ OH OH

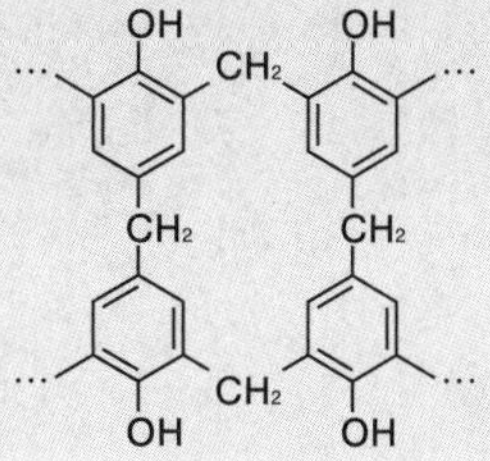

(3) ①

解説 フェノール樹脂を合成する際には中間生成物が生じる。この生成物が加熱により架橋構造を形成するため，強い強度をもった樹脂ができる。

5 ① $CH_2=C(CH_3)-CH=CH_2$

② **加硫** ③ **弾性ゴム** ④ **合成ゴム** ⑤ **スチレンブタジエンゴム**

解説 SBR（スチレンブタジエンゴム）の他にも，NBR（アクリロニトリルブタジエンゴム），クロロプレンゴム（ネオプレンゴム）やブタジエンゴムなどがある。SBR はベンゼン環を側鎖にもつため，硬く，強度が大きい。

31 高分子化合物と人間生活 (p.62～p.63)

1 ① **感光性** ② **吸水性** ③ **生分解性** ④ **導電性**

解説

① 二重結合部分が光を当てることにより架橋する。

② カルボキシ基が水を吸収する。

③ 土壌中の微生物や体内の酵素などにより分解される。

④ ポリアセチレンにヨウ素を添加したものなどがある。

2 **ア，ウ**

解説 ア．分解されやすいのは脂肪族ポリエステルである。

ウ．添加する量はごく微量である。

3 (1) $\left[O-CH_2-\overset{O}{\overset{\|}{C}}\right]_n$ (2) **二酸化炭素，水**

(3) **食器，容器，包装，農業用具（ネット，シートなど），プラスチック製玩具，医療用品，漁業用具（網，釣り糸など）**

解説 ポリグリコール酸も生分解されやすい高分子化合物である。農作業においても，育苗ネットなどに利用されている。

4 (1) ① **ポリスチレン** ② **ポリエチレン** ③ **ポリプロピレン**

(2) ③ (3) ① (4) **イ**

解説 (3) 互いに似た分子構造をもつ物質どうしは，互いに溶解しやすい。そのため，リモネンはポリスチレンを溶解させることができる。

(4) ポリイソプレンはベンゼン環をもたないが，図のようにリモネンと似た分子構造をとることができるため，溶解する。

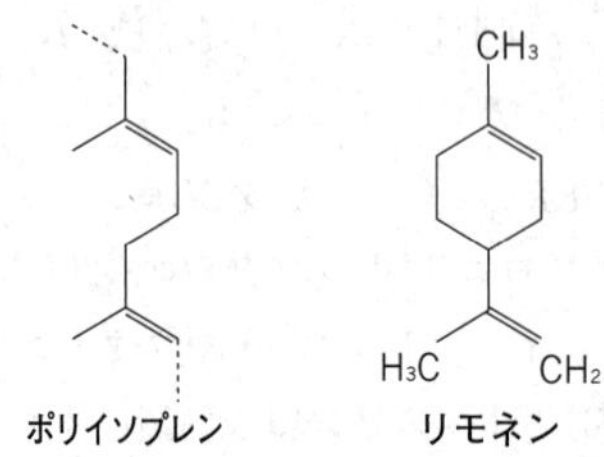

ISBN978-4-424-64238-1

C7343 ¥600E

本体 600円+税10%
(定価 660円)

9784424642381

1927343006003

受験研究社

高校 トレーニングノートα 化学

高校 トレーニングノートシリーズ

基礎をしっかり固める
トレーニングノート
Training Note α

実力をしっかり伸ばす
トレーニングノート
Training Note β

基礎をしっかり固める

トレーニングノート
Training Note α

生物

■ 新課程対応

本書 トレーニングノートα	基礎	標準	発展